우리 아이
책 읽기 수업

디지털 시대에 책 읽는 아이가 되기까지

우리 아이
책 읽기 수업

신정아 지음

언더라인

Theodor Kleehaas(German, 1854-1928), 〈Interesting Reading〉

책 읽는 경험,
부모가 아이에게 해 줄 수 있는 가장 큰 선물

"행복한 가정은 모두 모습이 비슷하고, 불행한 가정은 모두 제각각의 불행을 안고 있다." 톨스토이가 쓴 《안나 카레니나》의 유명한 첫 문장입니다. 읽을 때마다 통찰력에 감탄하게 되지요.

　모두가 부러워할 만한 성과를 올린 학생들, 자녀 교육에 성공한 부모님들의 비결은 비슷합니다. 요즘은 아무도 믿지 않아서인지 과거처럼 "교과서 위주로 공부했어요!"라는 전설적인 성공담은 잘 들리지 않지요. 하지만 여전히 '어릴 때부터 꾸준히 책을 읽었다', '예습과 복습을 철저히 했다', '자기주도 공부 습관을 길렀다', '부모님께서 항상 믿고 기다려 주셨다'라는 등의 다소 진부한 비결이 지면을 채웁니다. 그런데 그 비결이 거짓이나 과장이 아닐 것입니다. 학교에서 만날 수 있는 홀

룡한 학생들의 모습이 실제로 그렇거든요.

반면 어려움을 겪는 학생들의 모습은 놀라울 만큼 제각각입니다. 원인도 그렇지만 드러나는 양상도 다양합니다. 이러한 상황이니 양육과 교육에 있어서 만병통치 처방이란 있을 수 없지요. 아이가 다르고, 관계가 다르고, 상황이 다릅니다. A라는 학생에게 득이 되었던 방식이 B라는 학생에게는 독이 될 수도 있지요. 얼마 전까지 말없이 끄덕끄덕 잔소리를 듣던 아이가 갑자기 버럭 하고 문을 닫고 방으로 들어가 버리기도 합니다. 그때와 지금이 다른 거지요.

무수히 쏟아지는 육아와 양육에 대한 정보, 교육에 대한 조언이 무섭습니다. 교육에 대한 강한 신념과 자신감에 찬 단언을 접할 때면 걱정과 부담이 밀려옵니다. 자녀 교육에서 달콤한 성공을 맛본 능력자 부모님의 값진 팁을 접하면 존경심과 더불어 묘한 죄책감과 불안감을 느끼기도 합니다. 명백하게 상충하는 서로 다른 주장들에 좌충우돌 어지럽습니다. 아이를 자유롭게 놀게 해야 할까, 어릴 때부터 학습 습관을 잡아 주어야 할까. 수학 선행을 해야 할까, 나이에 맞는 교육과정을 충실히 따라가야 할까. 엄마표 영어 교육을 해야 할까, 영어 학원에 보내야 할까. 이 말을 들으면 이 말이 맞는 것 같고, 저 말을 들으면 저 말이 맞는 것 같습니다. 적시 적소에 아이에게 도움을 주지 못하는 무능한 엄마인 것 같아 불안하고, 아이를 너무 몰아대는 극성 엄마가 된 것 같아 죄책감이 들기도 합니다.

어지러운 정보의 홍수와 교육에 대한 무수한 담론들 속에 제 생각을 추가하는 것이 매우 조심스럽습니다. 개개인의 다양한 상황에 맞는 처방을 내릴 자신도, 강력한 신념이나 기가 막힌 꿀팁을 전할 자신도 없습니다. 교육이라는 분야에서 그것이 가능하거나 바람직하다고 생각하지도 않고요.

다만 학교 교육 현장에서 수많은 학생을 만나면서, 여느 엄마처럼 가정에서 아이들과 지지고 볶으면서 한 가지만큼은 확신을 하게 되었습니다. **엄마가 줄 수 있는 최고의 선물은 책 읽는 경험이라는 것입니다.** 이제 학교는 눈을 뜨자마자 디지털 기기를 가지고 노는 세대로 가득차 있습니다. 선생님은 스마트 칠판으로 다양한 영상, 이미지, 앱을 이용해 수업하고, 학생들은 스마트폰이나 태블릿으로 과제를 제출하지요. 원격 수업을 겪으면서 온라인 교육과 첨단 기기의 활용이 크게 늘었습니다. 그럼에도 불구하고 **전통적인 읽기의 중요성은 줄어들지 않았습니다. 아이러니하게도 독서는 더욱 그 존재감을 드러내고 있지요. 그 어떤 화려한 도구를 이용해 공부하더라도 읽지 않고는 배움이 일어날 수 없다는 것을 알게 된 겁니다.**

최근 문해력의 중요성에 대해 모든 교육 주체가 공감하고 있습니다. 언론 역시 문해력 부족 문제를 심각하게 보도하고 있지요. 코로나19 이후로 학생들의 기초학력 저하가 나타나고 있으며, 특히 국어에서 어려움을 겪는 아이들이 늘고 있습니다. 문해력 부족의 해결 방법은 매우 간단합니다. 읽기가 일상생활 속에 자연스럽게 녹아든다면, 독서가 양육과 교육의 핵심 열쇠가 된다면 문해력에 대한 고민 자체는 사라질 일입니다. 문제는 그 실천이 어렵다는 것이지요.

문해력과 독서의 중요성을 강조하다 보니 공부를 잘하기 위해서 독서를 열심히 해야 한다고 이해하는 분이 많아졌습니다. 책을 많이 읽는다고 저절로 공부를 잘하게 되는 것은 아니에요. 공부를 잘하고 싶으면 공부를 해야 합니다. 실제로 책을 별로 읽지 않는데도 공부를 잘하는 학생들이 있어요. 공부를 잘한다는 건 일반적으로 학교 시험에서 높은 점수를 받는다는 의미니까요. 평가 방법에 최적화된 학습을 해야 좋은 결과를 얻을 수 있습니다. 물론 책을 많이 읽은 학생이 유리한 것은 당연합니다. 하지만 독서를 학습 수단으로 생각하는 것은 위험합니다. 이렇게 되면 아이들은 독서를 부담으로 느끼니까요.

아이들에게 책 읽기가 부담으로 다가와서는 안 됩니다. 더 많이 읽어야 하고, 필독서를 해치워야 하고, 다른 아이보다 수준 높은 책을 읽어야 하는 선행 학습처럼 치부되어서도 안 됩니다. **읽기는 즐거워야 합니다. 읽기가 생활화되면 오히려 사교육을 줄여도 됩니다. 자연스러운 책 읽기를 통해 지적인 기초체력을 쌓은 아이는 사교육으로 학습 결핍을 채울 필요가 없습니다. 오히려 남는 시간과 체력을 더 효율적으로 활용할 수 있게 되지요. 어릴 적부터 내 삶과 함께해 온 책 읽는 즐거움은 내 인생 가장 강력한 무기가 됩니다.**

저는 이 책에 20년 가까이 중학교에서 아이들을 가르치며, 집에서 중학생 두 아이를 키우며 경험하고 생각한 것을 담고자 했습니다. 교사로서, 엄마로서 노력만으로 되지 않는 것이 참 많았습니다. 아이들은 항상 제 생각 같지만은 않았어요. 시간이 지나고 경험이 쌓이면서 깨달은 것은 아이들 앞에서 겸손해야 한다는 것입니다. 내가 원하는 대로 아이들을 만드는 것은 불가능하고, 또 그래서도 안 되는 일입니다. 교사로서, 엄마로서 따뜻한 안전장치가 되어 주면 된다, 안전하되 넓은 품 안에서 아이가 자신의 타고난 기질과 역량대로 마음껏 자라도록 지켜보면 된다는 것이 제가 그동안 아이들에게 배운 것입니다.

그렇다면 아이에게 무엇을 해 줄 수 있을까. 그리고 어떤 부모가 되어야 할까를 고민했습니다. 부모만이 줄 수 있는, 모든 아이에게 가장 필요하고 중요한 선물은 책 읽는 삶이라고 생각합니다.

이 책은 읽기가 중요하다는 것은 알고 있지만, 아이를 어떻게 도와주어야 할지 막막한 분들을 위해 썼습니다. 그리고 독서의 즐거움을 느끼고 싶은 분들에게도 도움이 되기를 바랍니다. 이론이나 학문적인 내용보다는 경험에서 비롯된 현실적이고 구체적인 방법을 담으려고 노력했습니다. 학교 현장에서 겪은 보람과 좌절의 경험, 가정에서 워킹맘으로서 고군분투하며 경험한 일상들을 지금 아이를 위해 고민하고 계신 분들과 나누고 싶습니다.

이 책의 구성

이 책은 크게 일곱 개의 장으로 이루어져 있습니다. '1장 읽기가 특별해진 시대'는 최근 왜 읽기가 더 중요해지는지 살펴봅니다. '특별해진'이라는 말은 읽는 아이들이 점차 줄어들어 특별한 소수가 되었다는 의미와 특별히 더욱 중요해지고 있다는 두 가지 의미를 포함합니다. 20년 가까이 중학교에서 아이들을 관찰한 경험을 바탕으로 학교 현장의 변화를 공유하고 아이를 위해 무엇이 필요한지 생각해 보았습니다. '2장 읽는 아이 기본기 세우기: 읽는 엄마와 읽는 아이'는 책 읽는 아이로 키우기 위해 부모님이 어떤 노력을 하면 좋을지에 대한 전체적인 논의를 담고 있습니다. 부모님의 교육 철학, 아이와의 관계 등을 통찰하고 이를 위한 현실적이고 구체적인 방법을 제시하고자 하였습니다.

앞의 두 장이 총론에 해당한다면 '3~6장 골든타임 단계별 읽기 로드맵'은 각론에 해당합니다. 초등 저학년(1~2학년), 중학년(3~4학년), 고학년(5~6학년), 중학교 시기로 읽기의 골든타임을 나누고, 읽기 목표와 실현 방법을 살펴보았습니다. 시기별 아이들이 독서와 멀어지는 위기를 극복하는 방법, 단계와 수준을 넘는 방법, 학년이 올라가면서 생기는 학습에 대한 고민과 독서 방법, 책을 고르는 방법, 아이와 대화하는 구체적인 방법, 성장 단계에서 맞닥뜨리는 어려움 등에 대한 고민을 고루 담았습니다. 다만 독서의 골든타임이란 고정된 것이 아닙니다. 책 읽는 모습은 아이마다 다양하게 나타납니다. 골든타임별 목표가 반드시 성취해야 하는 과업이라기보다 읽는 아이가 성장해가는 로드맵으로 참고하시면 좋겠습니다.

마지막 '7장 내면의 재산, 내 인생의 책'은 책 읽는 삶을 살면서 성장하는 이야기로 책에 대한 다양한 제 생각을 담았습니다. 책이 지니는 힘과 매력, 독서를 통해 나 자신을 성찰하며 성장하는 경험을 여러분과 함께 나누고 싶은 마음입니다.

다시 톨스토이의 《안나 카레니나》 첫 문장을 살펴보겠습니다. "행복한 가정은 모두 모습이 비슷"합니다. 어려움을 극복하며 잘 자라는 아이들의 공통점은 생활 속에 녹아 있는 자연스러운 독서의 경험입니다. 저역시 아이들을 바라보며 수많은 걱정과 불안에 잠식될 때가 있습니다. 잠시 범람하는 생각을 멈추어 봅니다. 부모로서, 교사로서 내가 줄 수 있는 최소한의 도움이 무엇일까. 정보의 홍수 속에서 표류하는 저와 같은 부모님들께 이 책이 작은 위안과 하나의 이정표가 되기를 바랍니다.

1장 읽기가 특별해진 시대

2장 읽는 아이 기본기 세우기
: 읽는 엄마와 읽는 아이

3장 골든타임 단계별 읽기 로드맵 1
: 초등 저학년, 즐기는 아이의 책 읽기 수업

4장 골든타임 단계별 읽기 로드맵 2

: 초등 중학년, 몰입하는 아이의 책 읽기 수업

5장 골든타임 단계별 읽기 로드맵 3

: 초등 고학년, 배우는 아이의 책 읽기 수업

6장 골든타임 단계별 읽기 로드맵 4

: 중학생, 읽는 어른이 되기 위한 책 읽기 수업

7장 내면의 재산, 내 인생의 책

읽기가
특별해진 시대

도서관에는 창문이 필요 없습니다. 대신 책이 있으니까요. 책
이야말로 꿈에서도 보지 못한 새로운 세상을 우리에게 보여주
는 창문이지요.
- 《레몬첼로 도서관 탈출 게임》, 크리스 그라번스타인 지음, 사파리

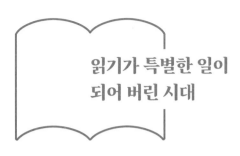

읽기가 특별한 일이
되어 버린 시대

학창 시절에 시험공부를 하기 싫어서 몰래 책을 읽다가 부모님께 혼나 본 경험이 있으신가요? 수업 시간에 선생님의 눈을 피해 책을 읽다가 걸려 본 적은요? 로맨스 소설이나 무협지에 빠져 한동안 허우적거리신 분 계신가요?

모두 특별할 것도 없는 제 이야기입니다. 다른 친구들보다 특출나게 책을 사랑해서가 아니라 주변에 그런 아이들이 많았습니다. 특히 시험 기간이 되면 평소 거들떠보지 않던 책까지 흥미진진하게 느껴지곤 했지요. 저희 부모님께서 책을 많이 사 주신 것도, 책을 접하도록 도와주신 것도 아닙니다. 그래도 집에는 사촌 언니 오빠가 읽던 빛바랜 세계 문학전집이 짐처럼 꽂혀 있었습니다. TV에서 재미있는 프로그램이 나오지도 않고, 딱히 숙제도 없고, 친구와 나가 놀기도 지치면 연신 누런 종이를 넘기며 세계문학전집을 읽고 또 읽었습니다. 특별히 좋아하던 《그리스 로마 신화》나 《몽테크리스토 백작》, 《삼총사》, 《삼국지》 같은 책은 수십 번을 반복해서 읽었습니다. 어디서 얻어 온 것인지도 모를 학생백과사전도 기억합니다. 심심하면 그 무거운 백과사전을 꺼내 아무 곳이나 펴서 읽었습니다. 책 읽는 건 어쨌든 공부보다는 재미있었으니까요. 심심할 때 책을 읽었던, 글에서 정보를 찾았던 저와 같은 기성세대에게 읽기는 일상이었습니다.

그런데 요즘은 심심해서 읽는 아이들이 없습니다. 일단은 심심할 일이 없어요. 좋아하는 프로그램 방송 시간을 기다릴 필요조차 없지요. 언제 어디서든 원하는 콘텐츠를 볼 수 있으니까요. 마치 전래동화 속 소금 맷돌에서 나오는 소금처럼 재미있는 콘텐츠는 무한정 흘러나옵니다. 그런데 소금물을 마시는 것처럼 온갖 콘텐츠를 소비하고 또 소비해도 계속 목이 말라요. 똑똑한 알고리즘이 내가 좋아할 만한 콘텐츠를 끝없이 대기시켜 주거든요. 나를 위해 줄 서 있는 다음 영상을 소비해야 하므로 지금 보고 있는 영상이 조금이라도 길어지면 끝까지 참고 보기 어렵습니다.

태어나면서부터 스마트폰과 함께 자란 요즘 아이들이 책을 읽지 않는 것과 긴 글을 이해하기 힘들어하는 것은 너무나 당연합니다. 아이들 입장에서는 책을 읽지 않는 게 아니라 읽을 수가 없지요. 아이가 간이 들어간 음식을 먹게 되면 이제 간을 하지 않은 음식을 먹지 않으려고 하죠. 책은 간을 하지 않은 음식과 같습니다. 이제 심심하면 책을 읽는 아이는 찾아보기 어렵습니다. 읽기 위해서는 특별한 노력이 필요해졌습니다. 그래서 자연스럽게 책을 읽는 아이는 특별한 아이가 되었습니다.

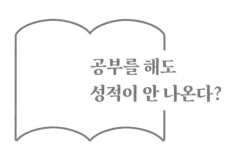

공부를 해도
성적이 안 나온다?

공부를 열심히 한다는 것은 칭찬 받을 일입니다. 성실한 학생은 훌륭한 학생이지요. 선생님은 이런 학생이 좋은 결과를 얻기를 진심으로 바라고 기대합니다. 그러나 현실이 꼭 그렇지는 않습니다. 분명히 열심히 공부했는데 이상하게도 결과가 그에 미치지 않는 경우가 있습니다. 차라리 공부를 덜 했으면 아깝지라도 않을 텐데, 옆에서 보고 있으면 안타깝기 그지없습니다. 학생 본인은 오죽 답답하고 속상할까요.

　물론 학생의 학습 과정을 시험 결과만으로 판단하면 안 됩니다. 하지만 현실적으로 중고등학교에서는 효율성도 중요합니다. 아이의 시간과 노력, 체력, 부모가 투자하는 경제적 비용 등은 한정적입니다. 이 한정적인 자원의 투입 대비 최대한의 산출을 거두고 싶다는 생각을 비판하기는 어려울 것입니다.

그런데 요즘 아이들의 공부는 반대로 가고 있습니다. 많은 학생이 어릴 때부터 긴 시간과 노력을 들여 학원에 가고 공부를 합니다. 중학교 아이들과 상담을 해 보면 대부분 아이가 영어와 수학 등 최소 두 군데 학원에 다녀요. 거기에 독서 논술, 과학 등이 추가됩니다. 학교에서 6~7교시 수업을 마치고, 매일 학원에서 두세 시간 이상을 보냅니다. 중학생이 평일 하루에 학원 수업 두 개를 소화하는 경우도 있지요. 학교에서도 틈나는 대로 학원 숙제를 합니다. 심할 때는 학교 수업 시간에 몰래 학원 숙제를 하는 주객이 전도된 행동을 하기도 합니다. 시간이 부족하니까요. 그런데 이렇게 많은 시간 동안 즐겁지 않은 공부를 했음에도 불구하고 시험 결과가 터무니없이 나오는 경우가 많습니다. 아니, 기대하는 정도의 결과를 얻는 학생은 소수에 불과하죠. 특히 중학교 2학년 첫 시험 결과를 받아들고 당황하는 경우가 흔합니다. 부모님들께서 배신감을 느끼실 수도 있어요. "내가 이 점수 받으라고 그동안 그 돈을 들여 가며 학원을 보냈니?" 아이들은 더 억울하지요. 분명히 학원 숙제도 열심히 하고 공부도 했거든요.

학원만 왔다 갔다 한 것이 아니라 나름 혼자서 열심히 공부했다고 생각하는 학생들도 당황스럽기는 마찬가지입니다. '성실하게 교과서도 읽고, 노트 필기도 하고, 문제집도 풀었는데 왜 성적이 안 나오지? 도대체 얼마나 더 공부해야 하는 거지?' 정말 최악은 '아, 나는 머리가 나쁜가 보다', '나는 해도 안 되나 봐'라고 생각해 버리는 겁니다. 시험을 망치는 것보다 무서운 건 공부 정시를 망쳐 버리는 거지요.

반대로 어렵지 않게 공부를 하는 학생이 있습니다. 옆에서 보기에 별로 열심히 하는 것 같지도 않아요. 공부를 하긴 하는데 희한하게 시간도 많고 여유가 있습니다. 아무도 모르게 집에서 밤새 공부를 하는 걸까요? 그것도 아니랍니다. 교과서를 술술 읽으면서 이해를 하고, 선생님의 설명을 들으면 학습 내용의 핵심 구조가 자연스럽게 머릿속에서 잡히는 학생입니다. 학년이 올라갈수록, 해야 하는 공부량이 많아질수록 이런 학생들이 당연히 유리합니다. 남은 힘과 시간, 즉 여력이 있는 학생들. 이렇게 효율적인 공부를 하는 능력은 어디에서 온 것일까요?

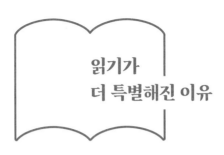

읽기가
더 특별해진 이유

4차 산업혁명 시대, 온갖 정보와 즐길 거리가 유튜브에 떠다니고 구글 링만으로 척척 답을 찾을 수 있는 지금, 굳이 책을 읽어야 할까요? 글 을 읽으며 공부를 해야 하고 독서를 통해 능력을 키울 수 있다는 것은 기성세대의 진부한 생각이 아닐까요? 아이들이 책을 읽기가 그리도 힘 들다는데 꼭 그 어려운 일을 해야 할까요?

사실 섣불리 판단하기 어려운 문제입니다. 아이들이 살아갈 새로운 세상을 예측하기란 쉽지 않으니까요. 스마트 기기 때문에 전보다 뇌를 적게 쓴다는 생각이 과학적으로 증명된 적은 없다고 합니다. 하지만 다 양한 뇌과학 연구들은 우리가 뇌를 사용하는 방식이 달라지고 있음을 보여 주고, 그 위험성을 경고하고 있습니다.

스마트 기기는 언제 어디서나 즉각적으로 우리에게 즐거움과 쾌감을 줍니다. 궁금한 것이 있으면 바로 찾아볼 수 있고, 좋아하는 영상을 언제든 시청할 수 있지요. 심심하면 그 자리에서 바로 게임을 시작할 수도 있습니다. 쾌감을 얻기 위해 시간을 지체하거나 노력을 기울일 필요가 없어요. 디지털 인간은 멀티 태스킹multi-tasking을 하는 유능한 존재가 되었습니다. 친구와 카톡으로 대화하면서 밥을 먹고, TV를 보면서 동시에 유튜브 영상을 봅니다. 공부를 하면서 SNS에 들어가 '좋아요'를 누르죠. 심지어 친구와 만나서 이야기하는 순간에도 온라인 세상에서 다른 사람과 또 다른 대화를 나누고 있어요. 우리 뇌는 이러한 멀티 태스킹을 즐길 때 쾌락과 중독의 호르몬인 도파민을 분비한다고 합니다.

그런데 뇌과학자들에 따르면 우리 뇌는 멀티 태스킹을 하지 못한다고 합니다. 네? 방금 뇌가 멀티 태스킹을 즐긴다고 했잖아요! 실제로는 우리가 한 번에 여러 가지 일을 처리하는 것이 아니라 그저 빠르게 여기서 저기로 넘어가고 있다는 겁니다. 정신없이 왔다 갔다 할 뿐인 거죠. 이렇게 빠른 전환이 쌓이면 스트레스가 쌓이고 뇌는 그 대가를 치르게 됩니다. 스마트 기기로 인해 우리는 결국 산만해지고 있다는 겁니다. 충격적인 반전이 아닐 수 없습니다. 실제로 스마트폰에 의존하며 사는 저의 하찮은 기억력과 산만함을 떠올리면 저절로 고개가 끄덕여지네요.

유튜브 시대에 집중력 키우기

산만함에 대항하는 집중력을 키우기 위해서는 자기 통제력과 자기 조절력이 필요하겠지요. 주변의 수많은 유혹을 통제하고 어딘가에 집중하는 학생을 떠올려 보면 쉽게 이해가 됩니다. 자기 통제력은 이성과 합리적 사고를 담당하는 전전두엽에서 비롯됩니다. 그런데 인간 이성의 핵심, 고등 사고능력을 관장하는 전전두엽은 책을 읽을 때 발달하죠. 저는 학생들에게 이렇게 이야기합니다.

"아, 정말 안타깝다! 게임 할 때, 유튜브 볼 때 머리가 좋아지면 얼마나 좋을까? 하지만 이건 선생님도 어쩔 수가 없구나!"

우리는 대부분 공부 머리를 타고난다고 생각합니다. 물론 타고나는 부분이 분명히 있습니다. 하지만 뇌과학은 우리의 뇌가 생각보다 꽤 오랜 기간 발달한다는 점을 알려 줍니다. 특히 뇌를 어떻게 쓰느냐에 따라 뇌 구조가 달라진다고 해요. 이것을 뇌 가소성neural plasticity이라고 합니다. 책을 읽으며 끊임없이 전전두엽을 발달시킨 사람의 뇌가 그렇지 않은 사람과 다를 수밖에 없는 겁니다. 타고나는 순간 두뇌가 다 결정되는 건 아닌 거죠.

공부하는 누구나 자신의 머리가 좋기를 바랄 것입니다. 한창 전전두엽이 발달할 시기에 두뇌 근육을 쓰지 않고 그저 멍하니 화면만 보고 있으면 정작 필요할 때 실력을 발휘할 수 없겠지요. 특히 요즘 학생들은 절대적으로 불리한 환경에 살고 있습니다. 온종일 손바닥 안의 화면을 들여다보는 사이 무한한 가능성을 지닌 두뇌는 흐물흐물해지고 있습니다. 뇌과학자인 정재승 교수님은 저서 《열두 발자국》을 통해 뇌를 보면 그 사람이 어떤 사람인지 짐작할 수 있다고 말했습니다. 음악가의 뇌와 과학자의 뇌는 다르게 생겼다는 겁니다. 성별, 나이, 직업 등에 따라 뇌는 다른 구조를 가졌다고 해요. '나이 40이 되면 자신의 얼굴에 책임을 져야 한다'라는 말이 있습니다. 본격적으로 학습을 해야 하는 시기에 학생은 그동안 자신이 만들어온 뇌에 책임을 지게 되는 거죠.

꼭 뇌과학까지 들먹일 필요도 없습니다. 읽기를 잘해야 공부를 잘할 수 있다는 것은 누구나 직관적으로 알고 있는 사실이지요. 어떤 과목을 공부하던 모든 배움은 읽기를 기반으로 합니다. 국어나 영어는 말할 것도 없고, 사회나 역사, 과학 같은 내용 교과는 교과서에 기술된 내용을 읽고 흐름을 이해하고 핵심을 파악한 후 의미를 찾아낼 수 있어야 합니다. 더 나아가면 주어진 정보를 해석하고 판단하며 자신의 생각을 더할 수 있어야 하지요. 심지어 수학도 문제를 읽고 이해할 수 있어야 정확한 답을 구할 수 있습니다. 최근에는 시험 문제 자체가 점차 길고 복잡해지고 있어요. 꾸준히 책을 읽어 온 학생에게 이러한 학습 과정은 특별할 것도 없는 자연스러운 것입니다.

배움은 여전히 읽기에서 시작된다

그럼 유튜브 등의 영상을 통해 다양한 정보를 얻는 것은 어떨까요? 어떤 매체를 통하든 아는 것이 많으면 학습에 유리하지 않을까요? 그런데 학교에서 보면 아는 것도 많고 대답도 술술 잘하던 학생들이 시험을 보면 터무니없는 점수를 받는 경우가 허다합니다. 선생님도, 학생도, 부모님도 이상하기만 합니다. 그 많은 지식이 왜 제대로 능력을 발휘하지 못하는 것일까요?

물론 사전 지식이 많은 학생이 학습에 유리합니다. 요즘 학생들은 아는 것이 많고, 똑똑하지요. 문자 이외의 매체를 통해 얻는 정보를 깎아내리는 것이 아닙니다. 다만 배움을 시작하는 어린 학생들이 유튜브 영상 등을 통해 지식을 얻는 것에만 익숙해지는 것은 염려스럽습니다. 검증되지 않은 지식이 섞여 있을 수 있다는 우려도 있고요. 정보의 파편들이 제대로 된 지식의 틀과 구조 속에 자리를 잡지 못한다면 큰 의미를 갖기 어렵습니다. 게다가 알고리즘은 내가 좋아할 만한 콘텐츠를 쏙쏙 골라 주죠. 이렇게 되면 아이들은 자신이 아는 세상 밖의 세상을 경험하기 어렵습니다. 지식이든, 생각이든 한쪽으로 치우쳐 굳어지기도 합니다.

사회가 빠르게 변하고 다양한 매체를 활용할 수 있게 되었지만, 여전히 배움은 읽기에서 일어납니다. 단편적인 지식은 구조화된 글 속에서 그 빛을 발합니다. 맥락을 따라가고 인과관계를 이해하면서 내용을 포괄적으로 이해할 수 있으려면 완결된 글을 읽어야 합니다. 알고 있다고 착각하는 것과 아는 것의 차이는 결과로 나타날 수밖에 없습니다. 사고력은 읽기를 통해서 의미 있게 향상됩니다.

결국 일상 속에서 자연스럽게 책을 읽는 아이는 공부의 체계를 내면화하게 됩니다. 책을 읽으며 저자와 살아 있는 대화를 하게 됩니다. 전전두엽을 끊임없이 자극하며 두뇌 전체를 골고루 발달시킵니다. 머리가 좋아지니 공부가 어렵지 않습니다. 교과서를 읽으면 전체 내용이 쉽게 파악이 되고, 선생님의 설명이 귀에 쏙쏙 들어옵니다. 이해가 잘 되니 재미가 있습니다. 재미가 있으니 다시 공부하게 됩니다.

문제는 앞에서도 이야기했듯 읽는 아이가 점점 줄고 있다는 것입니다. 특히 이제는 제대로 읽을 수 있는 학생, 일상적으로 독서를 하는 학생이 상상 속의 유니콘 같은 존재가 되었습니다. 한편으로는 과거보다 더 특별한 무기를 지닌 학생, 주머니 속의 더 날카로운 송곳이 되었지요.

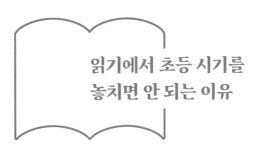

읽기에서 초등 시기를 놓치면 안 되는 이유

최근에는 국어의 중요성이 점차 커지고 있습니다. 최상위권 아이들을 변별하는 과목이 국어가 되고 있지요. 그래서 그런지 고등학생들에게 중학교 후배들을 위한 충고를 부탁하면 열에 아홉은 이렇게 말합니다.

"후배들아, 제발 고등학교 올라오기 전에 책 좀 많이 읽어! 책 많이 읽은 애는 따라잡을 수가 없어."

입시를 겨냥한 사교육 시장의 목소리도 변하고 있습니다. 예전에는 영어 조기교육이나 수학 선행이 압도적인 키워드였어요. 그런데 최근에는 문해력과 읽기 능력이 떠오르기 시작했습니다. 놀라운 변화입니다. 입시 경향에 예민한 사교육 시장에서 그만큼 읽기의 중요성을 통감하고 있기 때문이라 생각합니다.

중학교 교실에서도 왜 책을 읽어야 하는지 안타까운 마음으로 이야기합니다. 특히 시간적 여유가 있는 1, 2학년 학생들에게 목 놓아 외쳐봅니다. 저의 진정성은 분명히 전달된다고 생각합니다만 학생들을 변화시키기는 어렵습니다. 첫 번째는 스마트폰으로 대표되는 요즘 환경이 책 읽기에 지독히 불리하다는 것입니다. 두 번째는 독서 습관은 삶의 태도라서 쉽게 바꾸기 어렵습니다. 책이 재미있다고 느끼고 읽기를 생활화하는 데 반드시 장시간의 노력이 필요한 것은 아닙니다. 순간적 깨달음으로 책을 즐기게 될 수도 있습니다. 하지만 이미 책보다 재미있는 것을 너무 많이 접해 본, 책과 멀어진 중학생이 읽기를 자연스럽게 느낄 정도로 독서를 생활화하는 것이 쉬운 일은 아닙니다.

독서의 즐거움을 느끼는 시기

이제는 가만히 두어도 아이가 자연스럽게 책을 읽는 일은 좀처럼 일어나지 않습니다. 독서는 특별한 일이 되었습니다. 그 어떤 영역보다 부모님의 세심한 접근과 노력이 필요해졌습니다. 독서의 필요성에 대한 인식과 노력은 빠를수록 쉽고 효과적입니다. 때로는 섬세한 전략도 필요하죠.

'공부에는 때가 있다', '늦었다고 생각할 때가 가장 빠른 때이다' 어느 말이 맞을까요? 물론 때에 따라 둘 다 맞는 말입니다. 공부뿐만 아니라 독서에도 때가 있습니다. 지금과 같은 환경 속에서 독서의 때를 놓치면 그 결핍을 채우거나 다시 독서를 시작하는 것은 무척 어렵습니다. 하지만 때를 놓쳤다고 해서 포기하기보다는 새로운 마음으로 시작하는 것이 훨씬 낫습니다. 단, 몇 배의 노력과 의지가 필요하죠.

초등 시절은 책 읽기를 일상화할 수 있는 결정적 시기입니다. 초등 시기에는 읽는 아이가 되기 위해 넘어야 할 세 차례의 고비가 찾아옵니다. 독서를 생활화하면 이러한 고비는 자연스럽게 넘을 수 있는 것이기 때문에 '고비'라는 표현이 과하게 느껴지기도 하네요. 우리 아이의 독서 인생에서 넘어갈 '언덕'이라고 부르겠습니다. 이 언덕의 높이는 아이마다 다릅니다. 어떤 아이는 이게 언덕이었나, 싶을 정도로 쉽게 넘어갈 수도 있어요. 다만 과거보다 장애물이 늘다 보니 이 언덕이 높게 느껴지는 경우가 많아졌습니다. 또 첫 번째 언덕은 쉽게 넘었는데 두 번째 언덕에서 포기해 버리는 아이도 있지요. 반대로 첫 번째 언덕은 어렵게 넘었지만 두세 번째 언덕은 손쉽게 넘어가는 경우도 있고요. 이러한 초등 시기의 단계별 목표와 언덕을 넘는 방법은 뒤에서 자세히 다루도록 하겠습니다.

독서는 단지 학습 효율만을 위한 것이 아닙니다. 이 시기에 독서의 즐거움을 알게 된다면 평생 독서를 생활화할 수 있게 되지요. 아이의 삶의 질이 결정됩니다. 부모로서 아이를 위해 무엇을 해 줄 수 있을까요? 해 줘야 할 것이 너무도 많게 느껴져 마음이 바쁘고 불안합니다. 그런데요, 초등학교 시절을 지나 보니 아이는 커 가며 스스로 필요한 것을 채울 수가 있어요. 그래서 모든 것에 엄마표를 집착할 필요는 없습니다. 조금 부족하다 느껴지면 보충을 하면 됩니다. 그런데 책 읽는 생활 태도는 때를 놓치면 뒤늦게 잡기가 어렵습니다. 초등 시절 부모로서 아이에게 줄 수 있는 최고의 유산은 '읽는 삶'입니다.

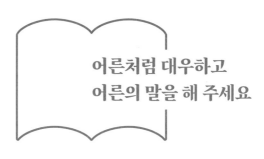

어른처럼 대우하고
어른의 말을 해 주세요

아이들을 뱃속에 품고 있을 때 수업이 꽤 많았습니다. 출산 전날까지 수업을 했어요. 수업할 때는 평소보다 정련된 단어를 쓰고 정돈된 문장으로 말을 합니다. 그리고 학생들에게 보통 존댓말을 씁니다. 임신 중일 때는 교실에서 화를 내거나 흥분하지 않으려고 노력했습니다. 평소보다 더 따뜻하고 정중하게 말하는 것을 태교로 생각했습니다.

저희 아이 둘 다 말을 빨리 시작했는데요, 빠르기만 한 것이 아니라 잘하더라고요. (사실은 말을 너무 많이 해서 좀 힘들 때도 있었습니다.) 게다가 중학생이 된 지금까지 두 아이 모두 아빠 엄마에게 존댓말을 사용합니다. 존댓말 하라고 시킨 기억은 없어요. 뱃속에서부터 계속 들어서가 아닐까 하고 농담 삼아 이야기합니다.

태교까지 이야기를 거슬러 올라가려고 하는 것은 아니고요, 어휘 이야기를 하려고 합니다. 문해력이 부족한 학생들은 특히 어휘력 부족 문제에 부딪히게 됩니다. 중학교에 가면 갑자기 교과서에서 사용하는 단어와 문투가 달라집니다. 한자어가 크게 늘고 학문적인 용어도 더 많이 나오죠. 그런데 그 학년에 당연히 알고 있어야 하는 어휘를 모르는 학생들이 크게 늘고 있습니다. 새로운 개념을 설명하기 위한 기본 단어부터 모르는 거예요. 그럼 다시 그 단어를 설명해야 하는데, 이번에는 그 설명 속에 등장하는 단어를 모릅니다. 이렇게 되면 학습이 진행될 수 없습니다. 그렇다고 선생님이 교과서에 나오는 모든 단어를 다 설명하면서 가르치기도 어렵죠. 어휘가 부족한 학생은 선생님의 설명이 외국어처럼 들립니다. 배움은 여기에서 멈추게 됩니다. 최근에 왜 문해력이 이슈가 되었을까요? 다큐멘터리를 통해 본 아이들의 어휘력 수준에 충격을 받은 겁니다. 사실 성인도 마찬가지이지요. '사흘'이라는 단어가 3일인지, 4일인지 몰라서 검색량이 늘었다는 사례는 유명합니다. '심심한 사과를 드린다'는 말에 이게 심심할 일이냐고 비난하는 댓글이 빗발친 일도 있었지요.

부모와 함께 어휘 늘리기

가장 훌륭하고 본질적인 해결책은 책 읽기입니다. 그런데 하나가 더 있어요. 풍부하고 다양한 어휘를 사용하는 부모님과 자주 대화를 하는 겁니다. 학생의 학업 성취도에 직접적으로 영향을 미치는 유일한 변인이 부모의 사회·경제적 지위라는 유명한 연구(미국 콜먼 보고서)가 있습니다. 단지 부모님이 돈이 많아서 뒷바라지를 잘해 주기 때문일까요? 여러 요인이 있겠지만 그중 하나는 평소 부모님이 사용하는 어휘 때문이라고 생각합니다.

아이가 귀여워서 계속 유아어를 하는 부모님들이 있습니다. 이미 아이는 과자라고 정확히 발음할 수 있는데 부모님이 계속 "까까 먹자."라고 하는 거죠. 아이가 성장함에 따라 그만큼 아이를 대우하고 어른의 말로 대화하기를 제안합니다. 학교에서 중학교 1학년을 가르치면서 3학년을 대하듯 수업하면 아이들이 너무 어려워할 것 같죠? 오히려 뿌듯해합니다. 아이들이 어려운 걸 무조건 싫어할 것 같죠? 절대 그렇지 않아요. 수준 높은 학습 내용을 알아들을 수 있을 때, 자신의 지적 수준이 높아지고 있다고 느낄 때 아이들은 즐거워합니다. 피그말리온 효과(긍정적인 기대나 관심이 사람에게 좋은 영향을 미치는 효과)는 여기에서도 나타나요. 기대하고 대우한 만큼 아이들이 자랍니다.

저희 식구들은 집에서 말이 참 많습니다. 세상 모든 게 수다의 소재가 됩니다. 정치·경제 이슈를 소재로 이야기를 할 때 저는 아이들이 알아듣건 말건 제 수준의 어휘를 사용합니다. 아이들이 단어의 뜻을 물어볼 때도 있습니다. 그럼 간단하게 설명해 줍니다. 그런데 과학이나 테크놀로지와 관련한 이야기를 나누면 제가 잘 못 알아들어요. 그럼 아이들이 그 용어를 설명해 주지요.

일상적인 대화를 할 때 우리가 사용하는 어휘의 양은 그렇게 많지 않습니다. "밥 먹었니?", "어제 그 드라마 봤어?" 이런 식의 대화에서 쓰는 어휘는 한정적입니다. 일상생활만으로 우리의 어휘가 풍부해지고 수준이 높아질 수는 없어요. 다양한 어휘는 다양한 책을 읽을 때 튀어나오지요.

부모의 사회·경제적 지위가 높지 않으면 아이를 지원하기 힘든 걸까요? 그렇지 않다고 생각합니다. 책 읽는 부모는 풍성한 어휘를 가지게 됩니다. 책을 읽는다는 건 항상 새로운 생각을 하게 된다는 것과 같습니다. 아이와 새로운 생각을 나누고 다양한 어휘를 사용하여 대화한다면 아이의 어휘력에 탄탄한 자양분이 됩니다. 군이 어려운 단어를 써서 말해야겠다는 결심을 할 필요도 없습니다. 읽는 사람의 어휘는 자연스럽게 달라집니다.

내 아이가 마치 정치학 전공자인 것처럼, 경제 전문가인 것처럼, 누리호를 성공시킨 과학자인 것처럼 대우하고 대화해 보세요. 아이는 대우 받은 대로 자랍니다. 그리고 대화 속에 등장하는 영양가 많은 어휘들은 장차 아이를 놀랍도록 성장시켜 줄 것입니다.

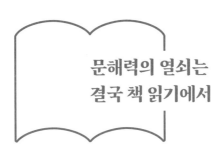

문해력의 열쇠는
결국 책 읽기에서

바야흐로 문해력 열풍입니다. 너무나 당연한 이야기가 마치 새로운 이야기처럼 등장해서 어리둥절하기도 합니다. 도대체 문해력이 무엇일까요?

문해력文解力을 글자 그대로 풀어 보면 글을 이해하는 능력이 됩니다. 독서교육사전(한국어문교육 연구소·국어과교수학습 연구소, 2006)은 문해력에 대해 "글을 통해 의미를 구성하기 위해 사회적 맥락에 요구되는 방식으로 읽고 쓸 수 있는 능력과 의지"라고 설명하고 있습니다. 원래 문해력은 'literacy'라는 영어 단어에서 온 것으로 우리나라 학자들은 이를 문해력, 또는 문식성文識性이라 번역하기도 합니다. 한양대 교수이자 문해력 전문가 조병영 교수님은 《읽는 인간 리터러시를 경험하라》

에서 문식성을 두 가지 의미로 설명합니다. 문식성을 두 가지 의미로 설명합니다. 첫째는 '글文을 안다識'는 의미로 어떤 내용을 글로 표현하고 이해하는 방식을 안다는 것이죠. 둘째는 '글로써 안다'는 의미로 글을 통해서 어떤 내용을 배운다는 것입니다. 이렇게 문식성은 '글을 읽고 쓰기 위한 배움'과 '배움을 위한 읽기와 쓰기' 두 가지 배움을 포함합니다.

일반인들에게 문해력이 이슈가 된 것은 역시 EBS 〈당신의 문해력〉이라는 프로그램이 방송되면서부터였을 것입니다. 제 학년 수준의 어휘를 알지 못하고 수업 내용을 이해하지 못하는 학생들의 모습은 많은 사람들에게 충격을 주었습니다. 게다가 코로나19로 인해 기초학력 미달 비율이 증가하고 학습 격차가 벌어진 것도 문해력에 대한 관심을 불러일으켰죠.

현장 교사들은 문해력 문제를 훨씬 이전부터 피부로 느끼고 있었습니다. 특히 온라인 공간에서 주로 사용하는 줄임말, 구어체, 단문에 익숙한 학생들은 문어체로 이루어진 교과서를 이해하기 힘들어합니다. 한자어로 이루어진 주요 개념의 의미를 유추할 수 있는 학생도 별로 없습니다. 긴 글은 아예 읽고 이해하려고 하지도 않습니다. 사교육을 충분히 이용하고 물리적 학습 시간이 긴 아이들이 그만큼의 결과를 얻지 못하는 이유를 여기에서 찾는 교사들은 이미 적지 않았습니다.

우리 아이 문해력 수준 살펴보기

학생의 문해력 수준을 간단하게 알아보는 방법이 있습니다. 중학교 1학년 교실, 교과서를 돌아가며 소리 내서 읽어 보게 합니다. 수업을 이해하려면 최소한 제 학년 교과서는 유창하게 읽을 수 있어야 합니다. 그런데 놀랍게도 더듬더듬 문장 자체를 제대로 읽지 못하는 학생들이 꽤 있습니다. 특히 끊어 읽기가 되지 않지요. 내용을 이해하며 읽는 학생은 어디에서 숨을 쉬어가며 읽으면 되는지 자연스럽게 알고 있습니다. 끊어 읽기를 하지 못한다는 건 읽으면서 어휘나 내용에 대한 이해가 되지 않음을 보여 줍니다. 또 모르는 어휘는 잘못 읽기도 합니다. 이런 아이들이 수업 내용을 쉽게 이해하기는 어렵겠지요.

문해력의 중요성이 대두되면서 서점에는 수많은 문해력 교재가 깔리기 시작했습니다. 문해력이라는 분야는 갑자기 등장한 새로운 분야가 아닙니다. 책을 읽지 않는 학생이 문해력 교재를 풀면서 공부하듯 문해력을 높인다는 건 자연스러운 일은 아니지요. 문해력은 하루아침에 쌓이지 않습니다. 문해력의 열쇠는 오직 자연스러운 책 읽기를 통해서 찾을 수 있습니다.

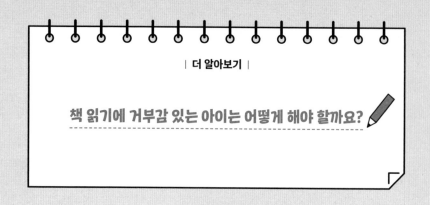

책 읽기에 거부감 있는 아이는 어떻게 해야 할까요?

아이가 책을 거부한다면 원인부터 살펴봐야 합니다. 초등학생이 된 이후에 책 읽기를 거부한다면 독서 정서가 무너진 것이 이유일 수 있습니다. 책을 읽고 싶지 않은데 억지로 읽는 경험을 했거나 읽는 것 자체가 재미없다고 느낄 수 있지요. 특히 저학년 아이라면 독서 자체보다 중요한 것이 독서 정서입니다. 아이가 책을 읽지 않아 부모님이 불안해한다거나 책을 읽으라는 잔소리를 자주 하게 되면 아이는 책으로부터 점점 멀어지게 됩니다. 절대 억지로 책을 읽히지 마세요. 다급하게 생각하지 마시고 천천히, 차분하게 접근하는 것이 좋습니다. 특히 아이가 좋아하는 분야의 재미있는 책을 함께 골라 보세요. 만화책을 같이 읽는 것도 괜찮습니다. 책에 대해 긍정적인 정서를 가지게 되어야 독서를 시작할 수 있습니다. 자세한 내용은 3장 골든타임 단계별 읽기 로드맵 1 내용을 참고하시기 바랍니다.

아이의 문해력 발달 속도와 책의 수준이 맞지 않아 거부감이 생겼을 수도 있습니다. 책을 읽었는데 이해가 되지 않아 지레 포기하고 책 읽기 자체를 멀리하게 된 경우입니다. 일단 거부감이 생겼다면 아이 수준보다 조금 낮은 책 중에서 재미있는 책을 권해 주세요. 책의 글밥이나 두께, 수준에 집착할 필요는 없습니다. 일단 아이가 쉽게 이해할 수 있는 책을 더 충분히 읽게 해 주세요. 글밥과 수준은 천천히 올리면 됩니다. 문해력 발달 속도는 아이마다 다릅니다. 꾸준히 읽는다면 급격한 발달 시기가 찾아오게 될 거예요. 다만 난독증과 같은 특수한 상황이라면 물론 전문가의 도움을 받아야 합니다.

차분하게 앉아서 무언가를 하는 것 자체를 힘들어하는 아이의 기질이 원인일 수도 있습니다. 너무 활발해서 잠시도 가만히 있지 못하는 아이들이 있지요. 그러한 아이도 나름의 강점을 지니고 있으며 자라면서 점차 차분해지게 될 거예요. 다만 어린 시절 독서를 가까이하기 쉽지 않은 기질입니다. 이런 아이들에게는 억지로 긴 시간 책에 집중하도록 강요하면 책을 더 멀리하게 됩니다. 낮에는 활발하게 충분히 뛰어놀 시간을 주고 자기 전 짧은 시간 책 읽는 루틴을 지키도록 도와주세요. 10분으로 시작해도 괜찮습니다. 꾸준히 루틴을 지키면서 독서를 지속한다면 폭발적으로 성장할 가능성을 지닌 아이들이라고 생각합니다. 자세한 내용은 2장에 '베갯머리 독서' 내용을 참고하시기 바랍니다.

어떤 경우든 책에 대해 거부감을 가진다는 것은 정서적 문제입니다. 책 읽는 시간이 즐겁고 행복하다면 아이는 책을 멀리하지 않을 겁니다. 초등 고학년이라 해도 부모님이 따뜻한 음성으로 책을 읽어 주시고 책 내용을 소재로 도란도란 대화를 나누어 주세요. 책과 부모님의 사랑이 무의식적으로 연결되면서 책을 사랑하는 아이로 자라게 될 것입니다.

2장

읽는 아이 기본기 세우기

읽는 엄마와 읽는 아이

내 퉁명스러운 말 한마디 한마디에 깜짝깜짝 놀라는 너희들 표정을 볼 때마다 이 엄마는 자신을 꾸짖고 또 꾸짖었단다. 그렇지만 너희가 보여준 사랑과 존경, 신뢰는 너희의 본보기가 되기 위해 내가 기울인 노력을 보상해 주고도 남았단다. 그것들이야말로 최상의 선물이었던 거지.

– 《작은 아씨들》, 루이자 메이 올컷 지음, 알에이치코리아

고요하고
침착한 양육

아이를 키운다는 것은 끝없는 밸런스 게임입니다. 우리의 선택은 다양한 빛깔의 스펙트럼 위 어딘가에 있습니다. 최선의 선택을 하기 위해서 세심한 관찰과 숙고, 신중한 판단이 필요하지요. 누군가의 조언이 나의 아이에게는 적용되지 않을 수 있으니까요. 우리 아이를 위한 맞춤 꿀팁을 알 수 있는 사람은 평생 아이를 관찰한 부모님입니다. 그럼에도 나만이 아이를 잘 알고 있다고 자신하는 것은 위험합니다. 아이를 부모의 이상형에 맞추어 만들고 싶은 마음이 앞서 진짜 모습을 제대로 보지 못할 수도 있으니까요. 내 아이에 대한 세심한 관찰과 믿음, 그리고 아이를 미지의 타인인 듯 떨어져서 바라볼 수 있는 관조적 태도 사이에 균형 감각이 필요합니다. 교육이란 외줄 타기와 같습니다. 한쪽으로 치우치려는 순간 미세한 방향의 수정이 필요하죠. 이러한 섬세한 감각은 흡사 예술의 경지라 할 수 있을 겁니다. 결코 쉬운 일일 수 없지요.

문제는 아이가 너무도 소중한 존재라는 겁니다. 사랑하기 때문에 우리의 이성이 마비됩니다. 쉽게 화가 나고, 쉽게 흥분합니다. 감정이 널뛰듯 움직여요. 사소한 것 하나하나가 걱정거리입니다. 아이의 작은 실수에 세상이 무너지는 것 같고 그동안의 교육 방식이 다 잘못된 것 같습니다. 아이의 작은 성공에는 온 세상이 내 것 같아요. "그래, 역시 내 딸이구나! 내가 너를 어떻게 밀어줘야 할까?"

그런데 이렇게 긴장한 상태로 아이를 키우면 부모님이 힘들어요. (저도 해 봐서 압니다.) 평소보다 긴장한 상태로 시험을 보면 실력 발휘가 안 되잖아요. 아이를 키우는 일도 같습니다. 지나침은 모자람만 못하다는 격언이 있지요. 잘해 보려고 한 일에 오히려 역효과가 날 수 있어요. 아이를 키우는 일은 특별한 이벤트의 연속이 아니라 일상입니다. 단거리 경주가 아니라 마라톤에 가까워요. 아니, 결승점이 정해져 있는 마라톤이 아니라 사랑하는 이와 함께하는 소소한 산책 또는 즐거운 탐험이라 보는 것이 좋겠네요. 양육을 미션처럼 생각하고 최선을 다하면 부모가 지칩니다. 그리고 아이를 조용히 관찰하고 침착하게 상황을 판단하기 힘들어요. 무엇보다 나 자신의 내면을 조용히 들여다보기 힘듭니다. 냉정하게 말하자면 아이를 키우는 주체는 나이고 아이는 객체, 즉 타인이잖아요. 사랑하는 아이와 나를 분리할 수 있어야 합니다. 거리 두기를 하지 못하면 부모와 아이 둘 다 지칩니다. 걱정과 불안에 가려

내 마음을 돌보지 못하면 그대로 아이에게 영향을 미치게 됩니다.

내 마음을 조율할 줄 안다면

고요하고 침착한 양육. 편안하고 쉬운 육아. 말처럼 쉽지 않습니다. 저는 감정이 풍부하고 에너지가 높아 오르내림이 심한 편입니다. 사람마다 성격이 다 달라서 차분하고 침착하신 분도 계시지만 저 같은 분도 계실 거예요. 그래도 아이와 관련해서 일희일비하지 않으려고 마인드 컨트롤을 합니다. 최소한 아이가 보는 앞에서 차분하고 침착한 모습을 보여 주려고 노력합니다. (예를 들면 시험을 보고 온 아이에게 먼저 결과를 묻지 않으려고 노력해요. 엄청난 자기통제가 필요합니다. 하아…) 아이가 넘어져 작은 상처라도 나면 세상 큰일이 난 것처럼 감염을 걱정하거나 흉이 지면 어떻게 하냐고 흥분하는 경우가 있지요. 아이가 시험을 망쳤다고 하면 아이 앞에서 더 속상해하거나 걱정하시는 분도 계십니다. 물론 아이를 사랑하고 위하는 마음에 걱정이 되고 화가 나지요. 하지만 그 감정은 아이 본인의 것으로 남겨 주세요. 시험에서 실수로 틀리면 누가 제일 속상하겠습니까? 게다가 어릴수록 아이는 자신의 감정을 부모에게 투사합니다. 부모님이 너무 걱정하면 아이는 더 불안해요. 심지어 별로 안 아팠는데 갑자기 아프게 느껴지기도 합니다.

　가정은 구성원에게 안정감을 주는 장소가 되어야 합니다. 아이가 밖에서 집으로 돌아오면 모든 긴장이 풀어지고 힘들었던 일이 잊혀질 수 있도록이요. 아이가 시험을 망치고 속상한 마음으로 집으로 돌아와 엄마 얼굴을 보는 순간 '그래도 괜찮구나'라고 생각하며 마음이 편안해지면 좋겠습니다. 부모는 아이의 불안과 부담을 끌어올리는 것이 아니라 위로와 안정을 주는 존재가 되어야 합니다. 정서가 안정되고 편안한 아이는 무엇을 해도 편안하게 잘합니다. 일희일비하지 않을 만큼 자아가 단단한 아이는 실패도 무난히 이기고 넘길 수 있어요. 지루하고 힘든 상황도 묵묵히 참아냅니다. 문제 상황에 부딪혀도 침착함을 잃지 않고 부모님과 차분히 의논할 여유를 지닙니다. 고요하고 편안한 양육 환경은 아이에게 따뜻하고 든든한 정서적 울타리가 되어 줍니다.

아이를
심심하게 키우세요

심심함을 참지 못하는 시대입니다. 엘리베이터를 기다리는 30초를 가만히 있지 못하고 스마트폰을 들여다봅니다. 지하철을 타고 주변을 둘러보면 열에 아홉은 스마트폰을 들여다보고 있습니다. 심지어 걸으면서도, 친구와 대화를 하면서도 눈은 화면을 향해 있지요. 혼자 조용히 쉬거나 생각할 기회는 완전히 사라졌습니다. 심심함을 잡아먹은 범인은 내 손 안의 친구이자 적, 스마트폰입니다.

'심심함'의 힘

요즘 아이들은 어릴 때부터 심심할 일이 없습니다. 부모님이 너무 양육을 열심히 하시는 덕분이지요. 어린아이가 심심하다고 칭얼대면 어른들은 당황합니다. 이 상황이 불편하고 심지어 죄스러워요. 부모의 역할을 다하지 못한다는 생각이 들거든요. 선량한 부모들은 아이들이 심심할 틈 없이, 항상 즐겁고 재미있게 해 줘야 한다는 강박에 시달립니다. 최신 유행하는 장난감으로 집을 채우고 아이들이 요구하기도 전에 알록달록한 책으로 벽면을 채웁니다. 집은 흥겨운 노래로 가득차고 끊임없이 영어가 흘러나옵니다. 아이를 재미있게 해 줘야 하고, 미래를 위해 다양한 자극도 줘야 하니 부모님은 바쁘고 힘들지요. 아이 하나도 이렇게 힘든데 옛날 부모님들은 어떻게 여럿을 키웠는지 모르겠다는 말이 절로 나옵니다.

부모님의 노력이 해롭다는 게 아닙니다. 아이의 발달 단계에 따라 적절한 자극은 꼭 필요합니다. 다만 아이를 심심하게 두는 것에 대한 죄책감에서 나오셔도 된다는, 아니 심심하게 두는 게 더 좋다는 말씀을 드리고 싶습니다. 부모님도 좀 편하게, 아이에게도 더 좋게요. 그럼 아이가 심심하다고 칭얼대면 어떻게 해야 할까요? 당황하지 마시고 평온한 말투와 표정으로 말씀하시면 됩니다. "심심해도 괜찮아. 심심한 건 좋은 거래. 뭘 하고 싶은지 한번 천천히 생각해 보자." 아이의 심심함을 미리 제거하지 말고 그냥 두면 아이가 스스로 새로운 재미를 찾을 수 있을 거예요.

심심함은 나쁜 게 아닙니다. 요즘 세상에 꼭 필요한 것이기도 해요.

장난감도 많이 사 줄 필요 없습니다. 온 세상이 아이의 장난감입니다. 플라스틱 반찬통만 여러 개 깔아 놓아도 아이는 온종일 놀 수 있어요. 오히려 장난감이 많으면 무얼 가지고 놀아야 할지 혼란스럽고 집중도 되지 않습니다. 친절하게 고안되고 제작된 장난감은 가지고 노는 방법 까지도 정해져 있어요. 아이들은 노는 방법을 스스로 만드는 것을 좋아합니다. 그 과정에서 사고력과 창의력이 발달합니다. 중간에 심심할 틈이 생겨야 뭘 하고 놀지 생각해 보는 기회를 가질 수 있지요. 아이가 성장하면 심심할 시간에 다양한 '딴생각'을 할 수 있어요. 어른들이 쓸데없는 생각 하지 말고 공부나 하라고 하는 그 '쓸데없는 생각'이 오히려 창의성의 근원이 됩니다.

'멍 때리기 대회'라고 들어 보셨나요? 현대인의 뇌를 쉬게 하자는 의도로 2014년 처음 열렸습니다. 멍 때리는 것, 즉 아무것도 하지 않는 상태를 긍정적으로 보는 것은 과학적 근거가 있습니다. 뇌과학자들에 따르면 창의적인 발상을 하는 순간 '전측 상측두회'라는 부분이 활성화된다고 합니다. 그런데 이 영역은 '멍 때릴 때' 활성화되는 영역이라고 해요. 특별한 이유 없이 그냥 멍하니 이런저런 생각을 할 때 기발한 아이디어가 튀어나온다는 것이 매우 흥미롭습니다. 좋은 생각을 하려고 열심히 머리를 짜내거나 최선을 다해 일할 때 의외로 아이디어가 잘 떠오르지 않습니다. 잠시 일을 멈추고 샤워를 하거나, 산책을 할 때, 멍하니 하늘을 바라보다가 좋은 생각이 딱 떠오를 때가 더 많지 않았나요?

심심한 환경이 아이를 꿈꾸게 한다

심심함이 익숙한 아이, 심지어 심심함을 즐기는 아이는 커서 지루함을 견딜 수 있는 아이로 성장합니다. 학창 시절 공부를 좋아하셨나요? 공부가 재미있다고 생각하는 사람도 있긴 하겠지만 어쩌면 그는 이상한 사람일지 모릅니다. 학생에게 공부는 재미있는 것이라고 말하는 건 아무도 속지 않을 거짓말에 가깝죠. 물론 초등학교 저학년 시기에 학습을 놀이처럼 시작하고 배움의 즐거움을 느끼게 해 주는 것은 매우 중요합니다. 하지만 학습의 수준이 높아질수록 재미에 기대어 공부할 수는 없는 노릇입니다. 공부는 지루하고 힘든 과정을 포함합니다. 그 과정을 견딜 수 있는 학생이 공부를 할 수 있습니다.

초등학교 수업 시간은 40분, 중학교 수업 시간은 45분입니다. 이 시간은 그냥 정한 게 아니에요. 학생들의 성장 발달 단계 등 교육 이론을 모두 고려해서 정해진 시간이지요. 그런데 현장의 교사들은 학생들의 집중 시간이 급속도로 짧아지고 있다는 것을 피부로 느끼고 있습니다. 조금만 지루해지면, 학습 내용이 진지해지거나 깊이 있게 들어가면 학생들의 집중력이 급격하게 낮아집니다. 빛의 속도로 전환이 이루어지는 스마트 기기에 익숙한 아이들은 하나의 내용이 조금이라도 길게 이어지면 견디기 힘들어하지요. 아이들의 눈빛이 바뀌면 교사는 당황합니다. 어떻게든 아이들의 흥미를 끌어 보려고 노력합니다. 흥미 있는 영상을 보여 주고 재미있는 활동을 섞어 봅니다. 컴퓨터나 스마트폰을 활용한 방법도 적절히 넣어 주고요. 다양한 교수 방법을 활용하는 것은 당연히 교사가 해야 하는 일입니다. 그런데 가끔은 이 방법들이 배움을 끌어내기 위한 적절한 방법이라기보다는 어떻게든 아이들의 시선을 잡아 보려는 몸부림으로 느껴질 때가 있습니다. (물론 제 이야기입니다.)

긴 글을 끈기 있게 읽고 핵심을 파악한 후 저자의 의도를 알아차리고 자기 생각을 표현할 수 있으려면 꽤 긴 시간과 노력이 필요합니다. 지루함을 참기 힘들어하는 요즘 학생들은 일단 긴 글 읽기 자체를 포기합니다. 본능적으로 몸이 거부하는 것 같아요. 일단 끈기 있게, 인내심을 가지고 시도하기가 쉽지 않은 것이죠.

어렸을 때부터 심심한 상태에 익숙해지게 해주세요. 끝없는 자극에만 익숙해진 아이들은 책의 세계로 빠져들기 어렵습니다. 책은 무한한 가능성을 열어 주지만 강렬한 자극에만 익숙해진 학생들에게는 그저 좁은 문으로만 보입니다. **심심한 환경은 아이들에게 생각할 기회, 상상할 기회, 자신의 힘으로 무언가를 선택할 기회를 제공합니다. 그리고 인생에서 지루하고 힘든 과정을 넘을 때 끈기 있게 버틸 수 있는 인내심이 키워집니다.**

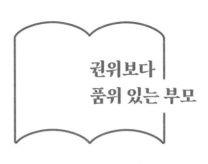

권위보다
품위 있는 부모

젊었을 때 저는 '친구 같은 선생님'이 되고 싶었습니다. 아이들을 힘과 권위로 누르지 않고 언제든 다가갈 수 있는 선생님이 되고 싶었어요. 경험이 쌓이면서 생각이 바뀌었지요. 선생님은 친구가 될 수도 없고, 되어서도 안 된다고요. 친구 같다는 건 책임이 없는 동등한 관계라는 거니까요. 교사는 아이들을 교육하고 안전하게 지켜 줄 책임이 있는 어른입니다.

같은 맥락에서 '친구 같은 부모님'도 생각해 봐야 할 문제입니다. 물론 아이들의 눈높이에서 아이를 이해하려고 노력하는 친근한 부모가 되어야 하죠. 다만 어디까지나 부모는 아이의 위에 있어야 합니다. 부모는 아이를 교육하고 키워 낼 책임이 있으니까요. 아무리 다정하고 따뜻한 엄마라도 쉽고 만만한 엄마가 되어서는 안 됩니다. 아이의 말에 공감하되 단호해야 하는 순간에는 아이에게 어려운 어른이 될 수도 있어야 합니다.

나를 위해서 성장하라

정치학에서는 권력power과 권위authority를 구분합니다. 권력이란 다른 사람이 원하지 않는 것을 하도록 만드는 힘입니다. 권위는 사람들이 따르도록 통솔하고 이끄는 힘이지요. 권력보다 권위를 가지려면 마음을 얻어야 합니다. 어른은 다음 세대 앞에서 권위를 지녀야 하며, 특히 교사는 자연스럽게 우러나오는 권위를 반드시 지녀야 한다고 생각합니다. 그런데 저는 여기서 한발 더 나아가 '품위'를 이야기하고자 합니다.

품위의 사전적 정의를 찾아보면 '사람이 갖추어야 할 위엄이나 기품'이라고 되어 있습니다. 권위와 품위는 둘 다 저절로 우러나오는 힘이라는 공통점이 있습니다. 그런데 권위는 특정 대상에게 힘을 미치고자 하는 목적을 전제로 합니다. 타자가 없으면 권위는 아무 의미가 없지요. 반면 품위는 힘을 미칠 대상이 없어도 됩니다. 누군가에게 힘을 미치고자 하는 의도도 없어요. 품위는 홀로 있어도 유유히 그 빛을 발합니다. 품위 있는 사람을 보면 어떤 느낌이 드나요? 닮고 싶고 배우고 싶어집니다. 절로 우러르게 되지요.

부모는 자녀에게 영향력을 행사해야 합니다. 명확한 대상이 있지요. 그럼에도 불구하고 아이를 대상으로 한 권위를 높이기보다 품위 있는 부모가 되겠다고 결심해 보면 어떨까요? 그러려면 부모가 먼저 자신에게 집중해야 합니다. 아이를 위해서 나를 바꾸는 것이 아니라 나를 위해서 내가 성장한다고 생각하는 겁니다. 아이는 부모의 사랑을 원하지만 희생은 부담스러워합니다. "이게 다 너를 위해서야.", "너한테 내가 어떻게 했는데!" 이런 말을 듣고 싶은 아이는 없을 겁니다.

부모가 스스로 공부하고 성장하는 모습을 보고 자란 아이는 부모를 그대로 따라합니다. 부모님이 품위 있고 멋있어 보이니까요. 그리고 그런 부모님의 말씀이나 충고는 무겁고 값지게 다가옵니다. 부모님의 사랑이 부담으로 다가오지 않습니다. 공부하는 부모, 진정 품위 있는 부모는 양육에 대해 더는 고민할 것이 없습니다.

저의 아이들이 여덟 살, 여섯 살 때 나눈 이야기예요. 제가 큰 감동을 받아 적어 두었습니다. 꽃이 피는 어느 봄날이었습니다.

작은아이: 엄마도 꽃이 많이 피니까 좋죠?

엄마: 그럼, 좋지.

작은아이: 그래도 우리가 더 좋죠?

엄마: 그럼, 너희들이 세상에서 제일 좋지!

큰아이: 아니죠, 우리보다 좋은 게 있어요.

엄마: 세상에서 너희들보다 좋은 게 어디 있어?

큰아이: 엄마요. 원래 자기 자신을 가장 좋아하고 소중히 해야 하는 거
예요.

저는 가정에, 학교에 헌신해야 한다고 생각하며 살아왔습니다. 아주
어릴 때부터 나 자신을 있는 그대로 사랑하고 지지하고 소중히 생각하
기 쉽지 않았지요. 이날 아이들에게 배웠습니다. 먼저 나를 소중히 여
기고 가꾸고 성장시켜야 한다는 것을요. 아이들도 자신에게 메여 있는
엄마보다 스스로를 아낄 줄 아는 엄마를 지켜보는 것을 더 좋아한다는
것을요. 그렇게 저는 품위 있는 나 자신으로서 엄마가 되고자 합니다.

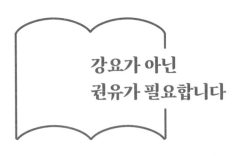

강요가 아닌
권유가 필요합니다

아이에게 책 읽는 습관을 심어 주겠다고 의욕적으로 결심한 부모가 빠지기 쉬운 함정이 있습니다. 습관을 잡아 주려면 아이가 계속 책을 읽게 만들어야 할 텐데 이게 쉽지 않아요. 읽으라는 책은 안 읽고 계속 딴짓을 합니다. 오늘 일정도 꽤 빡빡해서 딱 이 시간에 읽어야 하는데, 비어 있는 시간에 부지런히 읽지 않으면 오늘도 책을 못 읽을 텐데… 부모만 마음이 급해집니다. 막상 힘들게 책을 꺼내게 했더니 읽고 있는 책은 매번 지겹게도 읽은 저학년 책입니다. 다른 아이들은 벌써 수준 높은 고전 완역본이나 과학책도 읽는다는데 답답합니다. 저러다 언제 제대로 된 책을 읽을 수 있을지 걱정입니다.

다급한 마음에 잔소리를 하고 야단을 칩니다. 부모 마음에 드는 '유익한' 책을 읽으라고 하다가 아이가 지루해하면 또 화가 나고요. 앞에서 말씀드렸듯이 요즘 아이들이 책을 읽는 게 쉬운 일이 아니에요. 부모님이 답답하고 조급한 마음이 생기는 건 당연합니다. 하지만 그래도 독서를 강요하면 안 됩니다. 최악의 상황은 야단맞고 억지로 책을 읽는 거예요. 아무리 몸에 좋은 음식이라도 슬프고 속상한 마음으로 울면서 꾸역꾸역 먹으면 소화가 되지 않지요. 오히려 체하거나 탈이 날 수도 있고요. 게다가 어떤 음식을 먹고 크게 탈이 난 기억이 있으면 아예 그 음식을 멀리하게 됩니다. 강요된 독서는 아이들에게 책의 이미지 자체를 부정적으로 심어 줄 위험이 있습니다. 독서를 아예 거부하는 아이가 될 수도 있어요.

책 읽기는 공부가 아니다

독서는 즐거운 일이어야 합니다. 책 읽기는 공부와 달라요. 재미로 읽어야 하고, 스트레스를 푸는 도구가 되어야 합니다. 아이가 중고등학생이 되었을 때, 공부에 치여 지친 순간 책을 읽는다면 얼마나 좋겠어요. **아이가 저학년일수록 독서보다 중요한 것이 독서 정서입니다. 책을 떠올리면 즐겁고 기분이 좋아야 합니다.** 책보다 재미있고 자극적인 매체가 많아 책을 즐기기 어려운 상황이라면 더 정교한 전략을 짜야 합니다. 특히 아이가 읽었으면 하는 책이 있을 때도 강요가 아닌 부드러운 권유여야 합니다. 무엇보다 재미있겠다고 느끼게 해야 합니다. 책을 소재로 아이와 재미있는 대화를 나누면 좋습니다.

저 역시 아이들이 어릴 때 독서 습관을 잡아 주겠다는 의욕이 앞서 여러 가지 실수를 했습니다. 그리 무리한 계획이 아닌 것 같은데 아이들이 척척 따라와 주지 않더라고요. 그러다 보니 아이들 독서에 집착하거나 화를 내는 일이 많았습니다. 그런데 어느 순간 책을 읽히려는 뾰족한 제 모습이 어처구니없더군요. 제가 책을 좋아한다고 해서 아이들도 책을 좋아하리라는 보장은 없잖아요. 빨리 좋아하라고 밀어붙이는 것도 우습고요. 독서를 습관으로 만들기는 원래 어렵습니다. 인지신경과학자 메리언 울프의 《책 읽는 뇌》의 첫 문장은 이렇게 시작해요. "독서는 선천적인 능력이 아니다" 타고나길 책을 읽기가 어려운 게 정상인 겁니다. 제가 성인이 되어서까지 꾸준히 독서를 하는 것은 습관 때문은 아닙니다. 좋아서 하는 거죠. 책을 통해 무엇인가를 얻어 본 경험이 반복되면서 계속 책과 함께하는 거예요. 오히려 힘을 빼고, 내가 왜 책을 좋아하는지를 돌아보며 편안하게 마음을 가졌더니 아이들이 더 자연스럽게 책을 받아들이게 된 것 같습니다. 그렇다고 저희 아이들이 틈만 나면 책을 읽는 책벌레는 아니에요. 그저 책을 적당히 즐길 줄 알고, 꾸준히 책과 함께하고 있습니다. 그 정도면 충분하다고 생각합니다.

독서 습관은 좋은 것이지만, 습관을 만들어 주겠다고 아이에게 책을 강요하는 것은 금물입니다. 앞서 권위와 품위 이야기를 다시 떠올려 보죠. 아이에게 독서를 시켜야겠다는 마음의 힘을 빼 보세요. 독서가 즐겁고 좋은 것이라면 아이는 자연스럽게 따라올 거예요. 느긋하게 마음 먹고 아이와 즐길 마음을 가지세요. 강요가 아닌 권유로 충분합니다. 가볍게 권유하되 매력적으로 보이는 작은 전략을 사용해 보세요. 그래도 아이가 원하지 않으면 일단은 멈추시는 게 좋습니다.

TIP   **아이에게 새로운 책을 권유하는 방법**

1   아이와 책장 정리를 함께한다. 책을 늘어놓고 구경하고 책장에 채우면서 이야기를 나눈다.

2   표지를 보면서 이야기를 나눈다. 제목이나 그림 중에 아이의 관심사나 경험을 연결 지을 수 있는 소재를 찾아보면 좋다. 재미있었던 경험과 연결 지어 함께 웃으면 책에 대한 흥미와 호감도가 올라감은 물론 독서 정서도 좋아진다.

3   제목을 보고 무슨 내용일지 함께 상상해 보자. 책장을 넘겨 보며 내용에 대한 단서를 찾아 이야기해 본다.

4   부모가 먼저 재미있는 표정으로 책을 훑어보면서 "우와, 전 세계 개미 무게가 인간 전체 무게랑 맞먹는대! 이게 진짜일까?"와 같이 흥미로운 내용을 소개한다.

5   굳이 위와 같이 특별히 노력하지 않아도 괜찮다. 그냥 부드러운 목소리로 "이 책 재미있다는데 한번 읽어 볼까?"라고 묻고 선택은 아이에게 맡긴다.

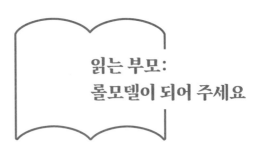

읽는 부모:
롤모델이 되어 주세요

10년도 더 된 일입니다. 어느 날 학교에 전입생이 왔어요. 어머님이 학생과 함께 교무실에 들어오셨습니다. 학적을 담당하는 선생님이 수업에 들어가셨는지 자리에 안 계셔서 잠시 교무실에서 기다리고 계셨답니다. 그런데 그날부터 한동안 선생님들 사이에서 전입생과 어머님이 화제가 되었습니다. 누구나 모이면 그 이야기를 했어요. 무슨 일이 있었을까요?

어머님과 학생이 선생님을 기다리는 동안 각자 책을 꺼내서 읽고 있었다는 겁니다. 그 모습이 그렇게 자연스러웠대요. 선생님마다 말씀하시더라고요. "내가 30년 가까이 학교에 있었지만, 교무실에서 책 읽는 어머니랑 학생은 처음 봤어!" 저는 그때 그 광경을 직접 보지 못했고,

20년 동안 지금까지 단 한 번도 보지 못했습니다.

중학교 3학년에 전학 온 학생은 오자마자 첫 시험에서 바로 전교 1등을 했습니다. (당시에는 전과목 평균을 계산하던 관습이 남아 있었습니다.) 선생님들은 결과에 그리 놀라지 않으셨어요. 범상치 않았으니까요.

모두 그 학생의 어머님이 품위 있다고 생각했습니다. 품위 있는 부모가 되는 가장 좋은 방법은 읽는 부모가 되는 것입니다. 아이에게 읽어야 한다며 영향력을 행사하는 것보다 직접 읽는 모습을 보여 주는 게 효과적입니다. 아이는 부모님의 모습을 보면서 자연스럽게 닮아 가죠. 독서나 공부를 강요 당하는 기분을 느끼지 않습니다. 스스로 자연스럽게 읽는 학생. 모든 부모님과 선생님의 바람 아닌가요? 부모님도 아이에게 무언가를 시키려고 잔뜩 긴장하고 뾰족해질 필요가 없으니 편안합니다. 오히려 부모님이 읽는 즐거움을 느끼면서 끊임없이 배우고 성장해 나갈 수 있으니 양쪽 모두에게 윈윈인 셈입니다.

대화의 시작

제가 거실에 앉아 책을 읽고 있으면 아이들이 오늘은 무슨 책을 읽냐고 묻습니다. 자연스레 책을 소재로 대화를 시작하게 됩니다. 때로 아이들은 책장에 꽂힌 엄마의 책을 구경하거나 펼쳐 보기도 합니다. 제일 두꺼운 책이 몇 페이지까지 있는지 찾아보며 엄마가 포기했다는 말에 깔깔대며 웃습니다. 어렸을 때부터 책장에서 보던 책을 자신이 직접 읽은 날에는 얼마나 뿌듯해하던지요. 이렇게 자연스럽게 읽기 수준이 높아집니다.

읽는 부모와 읽는 아이는 한집에 삽니다. 부모님이 읽지 않는데 아이가 독서를 생활화하는 것은 불가능에 가깝습니다. 잠시 독서 학원의 힘을 빌린다 해도 그때뿐입니다. 억지로 읽는 것이 아예 읽지 않는 것보다는 나을지 모릅니다. 하지만 즐겁게 읽는 것에는 비할 수 없습니다.

읽는 부모의 힘은 특히 사춘기에 발휘됩니다. 초등학교 때까지 부모님이 원하는 대로 잘 따라가던 아이가 중학교 들어와서 갑자기 달라지는 경우가 있어요. 사춘기라서 아이가 이상해진 것이 아닙니다. 아이에게 상황을 판단하고 평가할 능력이 생긴 거예요. '말을 안 듣는다'라고 하죠? 정말 귀로 말을 잘 안 들어요. 메시지가 한쪽 귀로 들어갔다가 반대쪽으로 나옵니다. 대신 아이들은 눈으로 봅니다. 어른을 관찰해요. 부모님이 온종일 넷플릭스와 유튜브만 보시면서 아이에게 책 읽어라, 공부해라 말하면 그 말은 그냥 팅겨 나가 버립니다. 어렸을 때부터 꾸준히 보여 주세요. 품위 있게 읽는 모습을 보여 주세요.

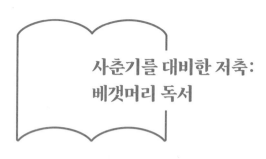

사춘기를 대비한 저축:
베갯머리 독서

사춘기라는 말만 들어도 걱정되시나요? 어릴 때는 곧잘 책을 읽더니 한 살씩 나이를 먹을수록 아이가 책에서 멀어지는 게 눈에 보이시나요? 엄마가 아무리 책을 가까이하면 뭐 하나. 엄마만 읽고 있는 것 같나요? 모든 고민을 한 방에 털어 주는 최고의 방법이 있습니다. (단, 어릴 때 시작할수록 효과가 높습니다.)

아이가 어릴 때 자기 전에 책을 읽어 준 부모님이 많을 거예요. 아직 말도 못 알아듣는 아기에게도 열심히 읽어 줍니다. 아기가 걷기 시작할 때쯤이면 좋다는 전집을 집에 들이고, 책을 장난감 삼아 놀 수 있게 좋은 환경을 만들어 주지요. 모두 훌륭한 양육 방법이라고 생각합니다. 그런데 아이가 초등학교에 들어갈 정도가 되면서 자기 전 책 읽기 시

간이 스르륵 사라지지 않았나요? 아이도 바쁘고 부모도 바쁘고, 할 일
이 너무 많아서지요. 아이가 학생이 되고 학습을 시작하면서 언제부터
인가 독서가 우선순위에서 조용히 밀리기 시작합니다. 영어·수학 학원
에 다니게 되면 이제 최후 순위로 밀려나요. 아이의 책 읽기는 끝이 납
니다. 그러다 이제 국어가 중요해졌다, 독서를 해야 한다는 말을 듣고
책을 좀 읽으라고 하면, 아이는 그걸 과제가 더해진 것으로 느껴요. 공
부할 것도 많아 힘든데 책까지 읽으라고? 이대로 안 되겠다 불안해진
부모님은 이제 독서 학원을 알아봅니다.

평생 가는 독서 습관

어릴 때 해 주던 자기 전 책 읽기, 베갯머리 독서를 계속하는 게 답입니
다. 아이의 독서 교육은 단순하게는 그거면 됩니다. 그런데 말처럼 쉽
지 않지요? 일단 목이 아파요. 아기 때 읽던 《달님 안녕》 같은 책이야
금방 읽어 줄 수 있지만 글밥이 많아지면 소리 내어 읽는 게 만만치 않
습니다. 저는 학교에서 목이 터져라 수업을 하고 집에 돌아오면 목이
쉬거나 잠기기 일쑤입니다. 게다가 영혼을 담아 책을 읽어 주는 건 더
힘든 일이지요.

하지만 독서가 특별한 일이 되어 버린 지금, 이보다 확실하고 효율적
인 방법은 없습니다. 아빠와 엄마가 번갈아 가며 읽어 준다거나, 피곤
한 날은 짧은 책을 골라 짧게 읽어 주는 등 전략을 세워 보세요. 하지만

최대한 빼놓지 않고 생활 패턴으로 만들어 가는 거지요. 잠자리 의식으로 루틴을 철저하게 만드는 겁니다. 저희 아이들에게 이런 일화가 있습니다. 잠자리 읽기를 하지 못한 날이었어요. 다음 날 아이들이 지난밤 잠을 잘 못 잤다는 거예요. 둘 사이에 인과관계가 있는 건 아니었겠지만 이런 이야기를 나누었습니다. "아, 어제 우리가 책을 못 읽고 자서 그랬나 보다. 오늘은 꼭 읽고 자자." 그런데 이런 일이 몇 번 반복이 되더라고요. 아이들은 지금도 책을 조금이라도 읽고 자야 푹 잔다고 생각합니다. 이런 식으로 저희는 자기 전 독서 루틴을 단단하게 해 나갔습니다.

초등학교에 입학해서 아이가 읽기 독립을 하게 되면 한결 편해집니다. 아이가 스스로 책을 읽으면 부모님도 따로 읽고 싶은 책을 읽으면 되니까요. 아이는 재미있는 책을 골라 읽으면 됩니다. 단, 저는 베갯머리 독서 시간에 만화책은 읽지 않는 규칙을 정했어요. 또 초등 시기까지는 아이가 혼자 읽을 수 있어도 혼자 두지 않고 옆에 앉아 함께 읽었습니다. **자기 전에 책을 읽는 것이 과제가 아닌 가족의 편안한 생활 루틴으로 느껴져야 합니다. 어릴수록 즐겁고 화목한 시간으로 기억되는 것이 중요합니다.**

아이가 읽기 독립을 하면 베갯머리 독서가 끝날 위기가 찾아옵니다. 부모님도 피곤하고 열의도 떨어지죠. 알아서 읽고 자라고 하면 지속되기 어렵습니다. 아이가 읽기 독립을 해도 계속 책을 읽어 주는 것은 필요합니다. 먼저 각자 읽고 싶은 책을 읽은 후, 불 *끄기* 전 10분 정도는 부모님이 직접 읽어 주는 겁니다. 최소한 초등학교 3학년까지는 계속 읽어 주세요. 읽기 독립을 해도 초등학교 저학년 때는 정확히 이해하며 읽기 어렵습니다. (참고로 저는 초등학교 고학년이 넘어서도 조금씩 읽어 주었습니다.) 아직도 책을 읽다가 좋은 부분이 나오면 중학생 아들에게 읽어 줍니다. 아이들은 부모님의 목소리를 들으면서 안정된 마음으로 하루를 마무리하게 됩니다. 학년별 베갯머리 독서의 구체적 방법은 뒤에서 다시 다루도록 하겠습니다.

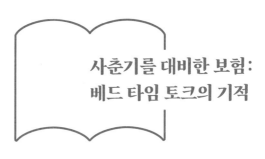

사춘기를 대비한 보험:
베드 타임 토크의 기적

자기 전 책 읽기는 30분 전후로 아이가 충분히 읽고 싶을 만큼이면 됩니다. 어떤 날은 10분만 읽어도 괜찮습니다. 독서가 끝나면 불을 끄고 누워 아이와 도란도란 이야기를 나누는 시간을 가지는데요, 이 시간은 미래의 사춘기를 대비하기 위한 결정적 시간이 됩니다. 굳이 영어로 이름을 붙여 보면 '베드 타임 토크bed time talk'라고 할까요.

저희 아이들은 아주 어릴 때부터 잠자리에 들 때까지 함께 이야기를 나누었는데요, 이러한 루틴이 죽 이어져 지금도 짧게라도 자기 전에 인사 겸 소소한 대화를 나눕니다. 소재는 오늘 있었던 일, 오늘 했던 생각, 친구 이야기, 영화 이야기, 책에서 본 재미있는 내용 등 다양합니다. 자려고 누우면 이 생각 저 생각이 들지 않으세요? 그런 이야기를 잠시 나누는 거예요.

아이가 크면 서로 대화를 이어가기가 쉽지 않습니다. 부모와 아이의 일상적인 관심사 자체가 다르거든요. 대화를 시작했지만 결국 부모는 잔소리를 하게 되고, 아이는 거부하게 됩니다. 어쩌다 대화가 이어져도 서로 겉돈다는 생각이 들죠. 대화가 즐겁지 않으니 대화가 줄어요. 이렇게 부모와 아이가 멀어집니다.

베드 타임 토크 하는 법

베드 타임 토크를 할 때는 불을 끄고 편안한 자세로 누워 이야기를 해요. 서로의 얼굴이 안 보이면 오히려 편하게 이야기를 하게 됩니다. 베드 타임 토크의 소재를 떠올려 볼게요.

첫째, 아이에게 실수를 했을 때 자연스럽게 사과할 기회가 됩니다. 어떻게 항상 완벽한 부모로 살 수 있겠어요. 별것도 아닌 일에 화를 내고 아이 마음에 상처 입힐 때가 있습니다. 마음은 불편한데 아이 앞에서 이야기하기 어렵죠. 불을 끄고 누우면 마음을 털어놓을 수 있었어요. 솔직하게 사과하고 그때의 감정을 털어놓죠. 아이들은 관대합니다. 그렇게 먼저 다가가면 아이도 무엇이 불편했는지 솔직히 이야기합니다. 그리고 스스로 잘못한 점을 떠올리고 사과합니다. 아이들은 완벽한 부모를 원하는 게 아닙니다. 저는 부모로서, 교사로서 부족했다는 생각이 들면 솔직하게 사과하려고 합니다. 베드 타임 토크 덕분에 저와 아이들은 감정을 뭉쳐 놓지 않고 상처를 그때그때 치료할 수 있었습니다.

둘째, 오늘 있었던 이야기를 하면서 서로의 생활을 이해할 수 있습니다. 불을 끄고 자려고 누우면 인상적인 장면이 떠오르잖아요. 그 이야기를 하는 거예요. 이때 저는 친구에게 털어놓듯 저의 하루도 이야기합니다. 재미있었던 수업, 말 안 듣는 학생 이야기, 동료 선생님과 있었던 이야기, 화가 났던 이야기도 합니다. 아이는 엄마의 삶에 관심을 가지고 엄마의 감정을 공감하며 위로해 주기도 합니다. 그러면서 자신의 생활을 돌아보고 털어놓기도 하죠. 하루를 관조적으로 돌아보면서 스스로 반성하고 배울 기회를 만들기도 합니다. 베드 타임 토크가 말로 쓰는 일기가 되는 거죠.

셋째, 평소에는 민망한 애정 표현을 구체적으로 합니다. 특히 성격이 무뚝뚝한 분들은 표현이 어려우시죠. "당연한 걸 말로 해야 알아?" 네, 말로 해야 압니다. 말을 안 하는데 다른 사람의 마음을 어떻게 알겠어요. 자기 전 깜깜한 천장을 보면서 아이와 뒹굴뒹굴 이야기하면 생각보다 감정 표현이 쉬워집니다. 덜 민망하기도 하고요. 조금씩 시작해 보세요. 베드 타임 토크를 하다 보면 일상적으로 아이에게 사랑을 표현하게 됩니다. 사랑도, 표현도 노력이 필요하니까요.

베드 타임 토크를 통해 사랑을 표현할 때는 좀 수사적이어도 됩니다.

아이 존재 자체에 대한 감사와 사랑을 표현해 주세요.

> "너는 엄마의 행복의 원천이야."
> "엄마의 아들로 태어나줘서 고마워."
> "넌 우리 가족의 복이고 이 세상의 빛과 같은 아이야."
> "오늘 좀 피곤했는데 ○○ 옆에 있으니 회복이 된다. ○○가 엄마의 비타민이네!"
> "책에서 읽었는데 우리는 모두 별에서 왔대. ○○는 우주에서 가장 아름다운 별에서 왔을 거야."

넷째, 서로의 꿈과 철학, 세계관을 나누어 보세요. 거창한 이야기지만 베드 타임 토크에서는 생각보다 어렵지 않습니다. 즐거웠던 일이나 속상했던 일, 멋진 사람에 대한 일화, 드라마나 영화를 보면서 감동적이었던 장면, 책을 읽다가 좋았던 부분 등 대화의 소재는 무궁무진합니다. 그 속에서 무엇을 배웠는지, 무엇을 알게 되었는지를 자연스럽게 이야기 나누어 보세요. 이런 이야기가 쌓이면 아이와 부모님의 철학, 세계관이 만들어집니다. 그 어떤 것보다 묵직하고 값진 교육이 됩니다.

최근 저의 베드 타임 토크를 하나 소개해 볼게요. 작은 아이가 평소 불편하다고 생각하던 반 친구가 있었습니다. 종종 화제에 올려서 저도 기억하고 있었어요. 그런데 그날 아이가 체육 시간에 공을 맞아 안경이 망가지는 일이 있었답니다. 자기 전 누워 그 이야기를 다시 했어요.

"놀랐을 텐데 그래도 많이 다치지 않아서 다행이다."

"음… 그런데 엄마, ○○ 기억나요?"

"엉, 기억하지. 그 아이랑 무슨 일이 있었니?"

"아니요, 오늘 보니까 ○○가 생각했던 것보다 괜찮더라고요."

"아, 그래? 왜 그렇게 생각하게 되었어?"

"오늘 제가 공을 맞았잖아요. 그런데 ○○가 옆에 와서 괜찮냐고 물어보는데요 그게 진심으로 느껴졌어요."

"멋진 이야기구나! ○○가 너와 스타일이 좀 다르기는 하지만 알고 보면 마음이 따뜻한 친구인 것 같네."

저는 평소 아이들에게 다양성을 강조합니다. 나와 다르다고 틀린 것은 아니라는 이야기를 자주 하지요. 나와 다른 사람을 바라보는 이해의 폭을 중시합니다. 이날 아이의 말에 감동하며 다시금 저의 교육 철학을 나눌 수 있었습니다.

우리는 경험한 모든 일을 낱낱이 기억하지는 않습니다. 인간은 망각의 동물이지요. 모든 것을 기억하면 얼마나 괴롭겠어요. 결국 인상 깊었던 일을 선택적으로 기억하게 됩니다. 사춘기에 "엄마가 나를 위해 해준 게 뭐가 있어!"라고 말하는 아이가 있습니다. 중학생들을 상담하다 보면 부모님에 대해 부정적으로 이야기하는 학생들이 있습니다. 그들은 부모님이 자신을 사랑하지 않는다고 생각합니다. 정말 부모님이

해 주신 게 없을까요? 아이를 사랑하지 않았을까요? "내가 너한테 어떻게 했는데!"라는 대사가 절로 나오실 겁니다. 물론 사춘기 시기에 찾아오는 부정적 감정 탓입니다만 원래 사람의 기억이란 선택적입니다. 어떻게 부모가 아이 앞에서 완벽할 수 있겠어요. 행복하고 편안한 때도 있지만, 섭섭하고 속상한 상황도 생깁니다. 이때 막연히 부정적 정서만 남으면 자신이 불행하다고 생각하게 됩니다. 베드 타임 토크는 자기 전 부정적 감정을 털어 버리고 긍정적 기억을 남기는 좋은 방법입니다. 잠자기 직전에 한 공부가 자는 동안 장기 기억으로 남는다는 말을 들어 보셨나요? 매일매일 따뜻한 부모님의 목소리를 들으며 잠들면 긍정적 기억과 정서가 깊게 자리합니다.

베드 타임 토크는 부모와 아이의 유대를 이어 줍니다. 시간이 길어야 할 필요도 없고 거창한 의미를 찾을 필요도 없어요. 아이와의 교감은 외부의 어떤 문제에도 맞설 수 있는 강력한 항체를 만들어 줍니다. 자기 전 따뜻한 인사, 사랑의 표현이 차곡차곡 쌓이면 사춘기가 와도 대화가 끊어지지 않습니다. 게다가 기분 좋게 하루를 마무리하고 따뜻한 분위기에서 잠자리에 들면 수면의 질을 높이고 안정적 정서를 형성할 수 있지요. 무엇보다 밤늦게까지 스마트폰에 빠지는 문제를 예방할 수 있습니다.

거실 서재가
좋은 이유

책 읽기의 중요성을 알고 실천하시는 많은 부모님들은 거실 서재에 관심이 많습니다. 많은 분들이 추천하기도 하고요. 과연 거실 서재는 효과가 있을까요? 결론부터 말씀드리면 저는 거실 서재를 좋아하고, 주변에 추천합니다. 하지만 거실 서재를 만들었다고, 책이 많다고 해서 자동으로 아이들이 책을 읽게 되지는 않아요. 환경도 중요하지만 더 중요한 건 사람이니까요.

우리나라의 거실 대부분은 TV와 소파가 주인공입니다. 거실 서재가 가지는 진짜 의미는 주인공을 사람으로 바꾸는 것입니다. 거실은 가족의 공용 공간이잖아요. 소파에 나란히 앉아 모두가 TV를 보는 것이 거실의 주된 용도라면 공간이 아깝습니다. (그런데 최근 아이들은 부모님과 함께 앉아 TV를 보지도 않지요. 각자 스마트폰으로 보고 싶은 것을 봅니다. 서로가 무엇을 보고 있는지 잘 알지도 못해요. 그러고 보면 모두가 함께 TV를 보며 그 내용을 주제로 이야기하는 풍경이 오히려 정겹게 느껴지기도 하네요.)

거실 서재는 책을 인테리어의 주된 소품으로 활용하고 테이블에 마주 보고 앉을 수 있게 만드는 경우가 많습니다. 저희 아이들은 어렸을 때부터 거실 테이블에서 공부하거나 숙제를 했어요. 특히 인내를 필요로 하는 본격적인 학습에 들어가면 아이들은 스스로 외로운 싸움을 시작합니다. 이때 옆에서 책 읽는 엄마, 숙제하는 형을 보면 위안이 되지 않을까요? 중3인 큰아이는 이제 자기 방에서 공부하는 것을 더 좋아하네요. 방이 더 집중이 잘 된다고 생각하는 것 같아요. 중1인 작은 아이는 여전히 거실에서 공부합니다. 이제 이 친구도 슬슬 자기 방으로 들어가지 않을까 싶어요. 하지만 거실은 여전히 아이들의 놀이터입니다. 저는 거실 서재 덕분에 아이들이 책을 꾸준히 읽는다고 생각하지는 않습니다. 하지만 어렸을 때부터 TV와 같은 영상 매체를 가까이 하는 대신 책을 친근하게 느낄 수 있었다는 이점은 분명합니다. 눈에 띄는 효과가 있다기보다는 독서 정서, 공부 정서를 긍정적으로 형성하는 데 의미가 있다고 생각합니다.

거실 서재라는 환경보다 중요한 건 함께 책을 보며 옆에 앉아 있어 주는 사람이 아닐까요? 그 사람이 있어 성장과 함께 찾아오는 불안과 어려움을 견디고 묵묵히 앞으로 나아갈 수 있는 게 아닐까요?

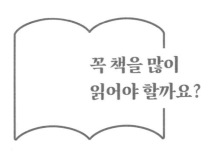

꼭 책을 많이 읽어야 할까요?

부모는 아이가 많은 책을 읽기를 원합니다. 학교에서 보면 유난히 책을 많이 읽는 학생들이 있어요. 그런 아이들을 보면 신기하고 부럽기도 합니다. 책을 많이 읽으면 당연히 좋겠지요. 그럼 도대체 얼마나 많은 책을 읽어야 하는 걸까요?

우리는 다독하는 사람을 우러러보는 경향이 있습니다. 많이 읽으면 무조건 유식한 애독자라고 생각하죠. 때로는 기가 죽기도 합니다. 하지만 꼭 많은 책을 읽어야 하는 건 아닙니다. 많이 읽는 것보다 중요한 건 제대로 읽고 생각하는 거죠. 다독에 대한 부담을 가질 필요는 없어요.

특히 어린아이들은 좋아하는 책을 반복해서 읽는 경향이 있습니다. 편식하듯 하나의 책만 읽으면 부모는 걱정이 됩니다. 오래 본 책을 슬

그머니 치워도 보고, 새로운 책을 권해 보기도 하죠. 걱정하지 마시고 아이가 좋아하는 책을 충분히 반복해서 읽게 해 주세요. 물론 다양한 책을 권하는 건 좋습니다. 불안해할 필요가 없다는 겁니다. 아이가 그 책을 좋아하는 이유가 있을 거예요. 책을 소재로 대화도 나누어 보고 무엇이 좋은지도 한번 물어보세요. 시간이 지나면 자연스럽게 다른 책으로 넘어가게 되니까요.

본격적으로 학습을 하는 시기로 넘어가면 다양한 책을 접하는 것이 좋습니다. 하지만 꼭 많은 종류의 책을 읽어야 하는 건 아닙니다. 아이가 책벌레가 되어야 하는 건 아니잖아요. 좋아하는 책을 골라 읽으며 책을 옆에 두고 살아가는, 책 읽기를 멈추지 않는 삶을 살 수 있도록 도와주는 것까지만 하면 됩니다. 독서는 양으로 평가하거나 성과를 만들어 내야 하는 수단이 아니니까요.

같은 책을 반복해서 읽을 때 일어나는 일

돌아보면 저는 청소년기에 다양한 책을 읽지 않았어요. 무슨 책을 읽어야 할지 몰랐다는 게 더 정확할 것 같습니다. 집에 책이 많은 것도 아니었고, 좋은 책을 추천해 주는 사람도 없었어요. 그래서 좋아하는 《삼국지》만 주구장창 읽었습니다. 어릴 때는 아동 도서로 《삼국지》를 읽었고, 초등학교 저학년 때는 그림이 조금씩 들어있는 다섯 권짜리 얇은 책으로 《삼국지》를 읽었습니다. 초등 고학년부터는 열 권짜리 이문열 작가의 《삼국지》를 읽었고요. 다행히 집에 《삼국지》는 있었거든요. 이 문열의 《삼국지》는 열 번은 읽은 것 같아요. 워낙 여러 번 읽으니까 글자를 읽지 않아도, 언뜻 책 페이지를 펴 보기만 해도 내용이 다 읽히는 기분이 들었죠. 고3 때도 공부하기 싫으면 《삼국지》를 읽었어요.

학창 시절 저는 특별히 욕심이 있다거나 다른 친구들에 비해 더 공부를 열심히 하는 아이가 아니었는데 생각보다 공부가 수월했습니다. 그렇다고 지능지수가 아주 높은 것도 아니었고요. 하는 것에 비해 대개 결과가 좋았습니다. 저는 그 이유가 《삼국지》 때문이었다고 생각합니다. 다양한 책을 읽어서 아는 것이 많았다거나 여러 분야로 지식을 넓혀서가 아니었어요. 좋은 책을 반복해서 읽으면 그 체계를 내면화하게 됩니다. 읽을 때마다 이렇게도 생각해 보고, 저렇게도 생각해 봐요. 긴 글을 반복해 읽었기 때문에 문해력이나 어휘력도 자연스럽게 갖추어집니다. 저자의 문장이 머릿속에 박힙니다. 그러다 보니 글도 쉽게 써요. 학령기에 다양한 책을 읽는 것, 많은 책을 읽는 것보다 중요한 것은 그저 묵묵히 꾸준히 읽는 것입니다. 독서에서조차 성취의 부담을 느끼지 마세요. 그저 좋아하는 책을 몇 번이고 반복해서 읽어도 괜찮습니다.

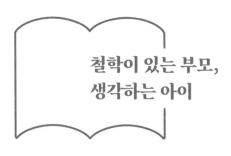

철학이 있는 부모,
생각하는 아이

책 읽기의 좋은 점은 더 말할 필요가 없습니다. 문해력을 키우고, 학습 능력을 높이고, 지식을 넓힐 수 있습니다. 꼭 효용을 따지지 않아도 그저 재미로 읽으면 되지요. 비용이 많이 들지 않는 훌륭한 취미가 되어 줍니다. 또 무한한 상상의 세계로 떠날 수 있지요. 시대와 장소를 초월해서 다양한 사람의 삶을 살아 보고 경험하면서 공감 능력을 키울 수도 있습니다. 세계적인 천재들이 평생 노력해서 얻은 결과물을 공짜로 구경할 수도 있고요. (완전히 공짜는 아니지만 이 정도면 공짜나 다름없죠.) 남다른 어휘를 사용할 수 있고, 누가 봐도 품위 있는 사람이 될 수 있습니다. 게다가 창의성을 높이는 데도 도움이 된다고 하지요. 부자가 되기 위해서도 책을 읽어야 한답니다. 빌 게이츠나 일론 머스크는 책 읽기가 성공의 원천이라고 말합니다. 그렇다면 책을 읽으면 어떤 사람이 될까요?

나만의 철학이 중요한 이유

삶 속에서 책을 가까이해 온 사람은 자신만의 철학을 가지게 됩니다. 자신이 읽어 온 책으로 자신만의 생각의 틀을 만들 수 있죠. 아무리 많은 책을 읽었어도 그 지식이 내 안에서 화학작용을 일으키지 않는다면 의미가 없습니다. 그저 허공을 떠도는 타인의 말 무더기일 뿐입니다. 책과 내가 상호작용하지 않는다면, 그래서 나만의 생각을 만들지 못한다면 그건 진정한 독서가 아닐 겁니다. 피에르 바야르는《읽지 않은 책에 대해 말하는 법》에서 다음과 같이 말합니다. "조금씩 우리를 만들어 온, 그래서 이제는 고통 없이는 우리와 분리될 수도 없게 된 축적된 그 책들의 앙상블은 바로 우리라는 존재 자체이기도 한 것이다"

내가 읽어 온 책이 나를 말해 줍니다. 우리는 독서를 통해서 자아를 만들어 갑니다. 궁극적으로 나만의 생각, 나만의 철학을 가지게 되는 것이죠. 이렇게 만들어진 나만의 철학은 공고하되 유연합니다. 차곡차곡 책을 쌓아올려 자신의 세계를 완성한 사람은 외부의 충격에 쉽게 흔들리지 않습니다. 하지만 이 세계는 끊임없이 새로운 버전으로 업데이트되기 때문에 변화하며 발전합니다.

부모라는 존재는 외부 자극에 취약합니다. 사랑하는 아이와 관련한 일이라면 약해지지 않을 수 없습니다. 평상시에 바위 같던 사람도 아이의 교육 정보 앞에서는 흔들리는 갈대가 되어 버립니다. 하지만 소중한 아이를 잘 키워 내기 위해 부모는 더 강해지고 이성적이어야 합니다. 아이를 객관적인 시각으로, 관조적인 태도로 바라볼 수 있어야 하죠. 무엇보다 자신만의 교육 철학을 만들어 가야 합니다. 아이를 키우며 어떤 가치를 중요하게 생각할 것인지, 아이에게 전해 줄 무형의 유산은 무엇인지 답을 찾아야 합니다.

한번 생각해 볼까요? 왜 내 아이가 책을 읽었으면 좋겠다고 생각하세요? 책을 많이 읽으면 똑똑하고 공부 잘하는 아이가 되기 때문인가요? 그럼 왜 아이가 공부를 해야 한다고 생각하시나요? 이런 질문을 스스로에게 하는 것이 교육 철학의 시작입니다. 물론 유창하게 답을 말할 수 있어야만 하는 것은 아니에요. 남들이 다 하니까 그냥 나도 하는 것이 아니라, 그 의미를 진지하게 생각하고 질문을 품고 있으면 이미 철학을 하고 계신 겁니다. 아이에게 책 한 권을 권하더라도 철학을 가지고 있느냐 그렇지 않으냐에 따라 그 영향력이 다를 수 있습니다.

교육 철학을 가진다는 것은 외부에 의해 흔들리면 안 된다는 말은 아닙니다. 다시 말하지만 우리는 공고하되 유연성을 잃어서는 안 되니까요. 내 생각의 틀 안에 아이를 집어넣는 것은 철학을 가지고 양육하는 것이 아닙니다. 철학을 가진 부모는 외줄 위에서 균형을 잡아 주는 무게 추를 가진 것과 같습니다. 묵직한 철학을 두손으로 꾹 잡고 흔들림을 즐기면서 균형을 잡으려고 노력하는 것이 바로 아이를 키워 내는 과정입니다. 철학을 가진 부모는 흔들릴지언정 넘어지지 않습니다.

자신만의 생각을 쌓아올리는 아이들

나만의 교육 철학은 하늘에서 뚝 떨어지는 것이 아닙니다. 열심히 공부하고 책을 읽어야 합니다. 내가 읽은 책과 생각이 곧 나의 철학이 되고, 나라는 존재가 됩니다. 철학은 반드시 거창해야 하는 것은 아닙니다. 나 자신이 중요하게 생각하는 가치에 대해 아이와 이야기를 나누어 보세요. 일상적으로 가볍게 말씀해 주셔도 되고, 특히 베드 타임 토크 시간에 평소보다 진지하게 생각을 털어놓아도 좋습니다.

새 학기가 시작되고 학급에서 아이들을 만나는 첫 시간에 저는 저의 교육 철학을 이야기합니다. 선생님이 좋아하는 것, 옳다고 생각하는 것, 중요하다고 생각하는 것, 싫어하는 것, 잘못이라고 생각하는 것을 소개해요. 그리고 1년 동안 내가 맡은 학생들이 어떤 모습으로 성장하길 바라는지 제시하고 최선을 다해 도울 것임을 먼저 밝힙니다. 저의 교육 철학을 학생들과 함께 나누고 설득하는 과정은 매우 중요합니다. 학생들은 이러한 시간을 통해 선생님이 어떤 사람인지 알고 그 진심을 느낍니다. 그리고 선생님의 교육 방식을 예측하고 그에 맞는 사람이 되려고 노력하게 됩니다.

가정에서도 똑같습니다. 부모의 철학을 접하며 자란 아이는 부모를 바라보며 자신만의 생각을 쌓아올립니다. 부모와 아이는 대화를 통해 서로의 생각을 교환하고 보완합니다. 아이 역시 부모님처럼 책을 읽으며 자신의 세계를 만들어 갑니다. 부모님과 대화하듯 책과의 대화가 즐겁다는 것을 압니다. 책을 통해 자신의 철학을 만들어 가는 아이는 당연히 사고력이 뛰어나면서도 사려 깊은 아이로 자라납니다. 이렇게 철학 하는 부모와 생각하는 아이는 환상의 팀이 됩니다.

TIP **공자님처럼 나의 교육 철학 발전시키기**

공자의 《논어》 〈위정편〉에는 나이를 표현하는 말들이 나옵니다. 이를 자녀교육에 대입하며 교육 철학을 발전시켜 나가 보면 어떨까요?

15세 지학志學 학문에 뜻을 둔다.

30세 이립而立 세계관을 확립한다(정신적으로 자립한다).

40세 불혹不惑 미혹됨이 없다(흔들림이 없다).

50세 지천명知天命 하늘의 뜻을 안다.

60세 이순耳順 듣는 대로 순조롭게 이해한다.

70세 종심소욕 불유구從心所慾 不踰矩 마음 가는 대로 행동 해도 법도에 어긋나는 일이 없다.

첫 번째 단계 지학志學. 아이의 교육 철학에 뜻을 두는 겁니다. 내 아이를 잘 키워 보겠다. 그래서 노력을 하겠다고 결심하는 거죠. 많은 부모님들이 이 단계를 거치셨을 겁니다. 이 글을 읽는 분들은 더 말할 필요가 없겠지요.

두 번째 단계 이립而立. 나의 교육 철학을 세우는 겁니다. 내 아이를 키우면서 무엇을 중요하게 생각하는지, 어떤 가치를 바탕으로 할지, 어떤 방향으로 나아갈지를 생각해 보는 거지요.

세 번째 단계 불혹不惑. 40세를 일컫는 불혹이라는 단어는 항상 저를 작아지게 만듭니다. 역시 공자님이다 싶지요. 40세를 훌쩍 넘어도 툭하면 흔들리는걸요. 특히 아이를 키우다 보면 마음이 갈대처럼 흔들립니다. 하지만 맥없이 흔들리기만 해서는 안 됩니다. 흔들리면서도 균형을 잡고 나의 교육 철학을 더 성장시키는 계기로 삼아야겠지요.

네 번째 단계 지천명知天命. 아이의 마음을 아는 겁니다. 역시 단계가 올라갈수록 어렵네요. 아이는 나 자신보다 소중한 존재이지만 타인입니다. 크면 클수록 아이의 말수는 줄고 무슨 생각을 하는지 알기 어렵습니다. 끝없는 관심과 눈높이를 맞춘 대화, 그리고 세심하고 예민한 관찰과 배려, 센스 있는 말과 행동 등 사춘기 아이의 마음을 알기 위해서는 많은 노력이 필요합니다.

다섯 번째 단계 이순耳順. 말 그대로 아이의 말을 잘 듣는 겁니다. 아이가 하는 말을 곡해하지 않고 순하게 들어야 합니다. 어릴 때는 아이가 말을 많이 합니다. 때로는 지나치게 많이 해서 부모를 피곤하게 하기도 합니다. '엄마'라는 단어가 닳도록 부르죠. 하지만 시간이 지나면 놀랍도록 말수가 줄어들어요. 그런데 어릴 때 부모가 말을 잘 들어 준 아이는 말수가 덜 줄어듭니다. 여전히 자신의 속 이야기를 하죠. 진심으로 아이 말에 관심을 기울이는 이순은 양육의 핵심 단어가 아닐까 싶습니다.

여섯 번째 단계 종심소욕 불유구從心所慾 不踰矩. 예전부터 이 문구를 정말 좋아했습니다. 조심할 것도 없고 걱정할 것도 없고 계산할 것도 없이 그저 마음 가는 대로 행동해도 이 치에 어긋남이 없는 사람. 겉과 속이 같은 사람. 도를 깨쳤다는 건 바로 이런 게 아닐까 요? 아이를 마음 가는 대로 키우는데 다 잘 되는, 아이에게 가장 바람직하게 영향을 미치 는 훌륭한 양육. 얼마나 사는 게 편하겠어요? 하지만 공자님조차 70세가 돼서야 이룬 경 지입니다.

그래도 희망이 있습니다. 단번에 인격수양을 이루기는 어려워도 부모와 아이 사이에는 사랑이라는 강력한 힘이 있으니까요. 서로를 향한 신뢰라는 무기도 있고요. 생각하고 깨 우치고 노력하는 부모라면 언젠가는 종심소욕 불유구의 경지에 오를 수 있지 않을까요?

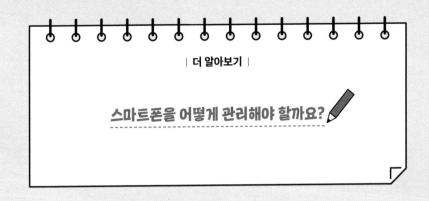

스마트폰을 어떻게 관리해야 할까요?

요즘 부모님들의 고민 1위는 아이의 스마트폰 관리가 아닐까요? 스마트폰은 그 유용성 면에서 더 말할 필요 없는 필수품이지요. 하지만 아이의 성장과 학습을 고려한다면 득보다 실이 훨씬 더 큰 것이 사실입니다. 리사 이오띠의 《8초 인류》에 나오는 뇌과학 연구에 따르면 "스마트폰은 그저 존재하고 있다는 사실만으로도 주의를 분산시키기에 충분한 것으로 나타났다"라고 합니다. 스마트폰을 사용하는 아이들의 연령은 갈수록 낮아지고 있는데요, 아이들은 그만큼 책에서 멀어지고 있습니다. 스마트폰은 가정에서도, 학교에서도 가장 중요한 고민이 되었는데요, 스마트폰을 지혜롭게 관리하는 방법을 몇 가지 제안해 보려고 합니다.

첫째, 아이가 스마트폰을 사용하는 시기를 최대한 늦춰 주세요. 일단 부모님의 스마트폰을 쥐여 주는 것도 자제해야 합니다. 물론 주변 친구들이 다 사용하면 어쩔 수 없겠지요. 그러면 아이와 충분히 대화하고 부모님께서 무엇을 걱정하시는지 설명해 주어야 합니다. 함께 고민하는 과정을 겪어야 해요.

둘째, 스마트폰을 사용하는 시간, 방법, 용도 등에 대해 함께 규칙을 정해 보세요. 일방적으로 부모님이 규칙을 만드시면 앞으로 스마트폰을 두고 끝없는 싸움을 하게 될지도 모릅니다. 물론 아이가 규칙을 완전히 다 지키리라는 보장은 없어요. 규칙을 지키려고 노력하는 모습을 칭찬해 주는 게 핵심입니다. 세계 최고의 두뇌와 강력한 알고리즘이 영향력을 행사하는 플랫폼에서 아이의 의지가 승리를 거두기란 불가능에 가깝습니다. 사용하지 않을 때는 눈에 띄지 않는 곳에 넣어 두게 해 주세요. 공부할 때 스마트폰을 보면 안 된다고 생각하는 자체가 주의를 분산시킨다고 합니다.

셋째, 정해진 시간을 넘겨서 사용할 때 바로 화를 내지 마시고 알림을 해 주세요. 예를 들면 "정해진 시간보다 오래 사용한 것 같구나. 지금 보고 있는 영상까지만 마무리하자."와 같이 말해 주면 됩니다. 아이 스스로 정한 시간 안에 사용을 마치면 칭찬해 주세요. 직관적인 타이머를 활용하는 것도 좋습니다. 아이가 시간을 맞추어 끝내기가 쉽지는 않아요. 우리 어른들도 시간 가는 줄 모르고 스마트폰에 빠져 있는 경우가 많지요.

넷째, 징벌의 의미로 스마트폰을 압수하지 마세요. 예를 들면 시험을 못 봤다고 스마트폰을 빼앗으면 아이와 원수가 될 뿐 교육적 효과는 전혀 없습니다. 열렬하게 사랑하는 연인 사이를 훼방 놓는 악역이 될 뿐이에요. 아이에게 스마트폰은 단순한 도구가 아니라 제2의 자아에 가깝습니다.

다섯째, 부모님이 스마트폰을 쓰는 모습을 최대한 덜 보여 주세요. 아이들은 부모님의 모습을 그대로 닮아갑니다. 온종일 스마트폰만 들여다보는 부모님이 스마트폰을 그만하라고 하면 아이가 말을 듣지 않겠죠. 부모님이 아무리 옳은 말씀을 하셔도 그 말의 무게가 하염없이 가벼워집니다. 특히 아이가 부모님께 이야기할 때 스마트폰만 들여다보면서 건성으로 답하는 일은 없어야 합니다. (물론 급한 일을 하고 있을 때도 있죠. 저는 그런 경우에는 빠르게 이유를 설명하고 양해를 구합니다.) 거실에서 아이와 함께 있을 때는 제 방 가장 구석에 스마트폰을 두는 방법을 사용합니다. SNS 알림도 모두 꺼 놓습니다. 사실 그렇게 급한 연락은 잘 없어요. 급한 일이 있으면 전화를 하겠지 생각합니다. 스마트폰 사용을 절제하면서 유용한 도구로 활용하시는 모습은 당연히 아이에게 본보기가 됩니다. 부모님이 먼저 스마트폰의 노예가 아닌 주인이 되어 주세요.

3장

골든타임
단계별 읽기 로드맵 1

초등 저학년,
즐기는 아이의 책 읽기 수업

글을 읽다가 어려운 구절에 부딪히면 나는 억지로 이해하려
들지 않는다. 나는 한두 번 공격하다가 집어치운다. 거기에 구
애받다가는 방향을 잃고 시간만 낭비한다. 내 정신은 충동적
이기 때문이다. 재미가 없는 것은 아무것도 하지 않는다.

－《몽테뉴 수상록》, 몽테뉴 지음, 동서문화사

초등 3단계
독서 성장기

이번 장부터는 읽는 아이를 위한 골든타임을 단계별로 구분하여 살펴보려고 합니다. 초등학교 6년이라는 길다면 긴 시간 동안 아이들의 읽기 양상과 수준은 크게 변화합니다. 따라서 초등 시기를 크게 세 단계로 나누어 시기별로 어떤 목표를 중심에 두면 좋을지 제안합니다. 초등 시기를 거쳐 중학생이 되면 읽는 어른이 되기 위한 독서 성장기가 마무리됩니다. 이론보다는 실제 가정에서 적용하기 쉬운, 사소하지만 구체적인 방법들을 나누는 것이 3장~6장까지의 목적입니다. 단 다음 몇 가지를 염두에 두면서 읽어 주세요.

첫째, 가장 중요한 원칙은 독서가 쉽고 즐거워야 한다는 것입니다.

'독서 교육'이라는 용어를 사용하는 것이 조심스러운 이유는 교육이라는 단어가 붙을 때 느껴지는 막연한 무게감 때문입니다. 초등 교육, 영어 교육, 수학 교육, 교육 정책… 의무와 책임감이 몰려옵니다. 평가를 전제한 긴장감도 느껴지고요. 독서 교육을 하겠다고 이야기하면 어딘가 비장한 느낌을 지울 수가 없습니다. 독서에 있어서 아이에게 이러한 열심을 들키지 마세요. 부모님 스스로 최선을 다해야 한다는 긴장감을 내려놓으세요. '책은 그저 재미있는 것'이라는 생각으로 시작하면 됩니다. 재미있는 것을 함께하는데 어려울 게 뭐가 있겠어, 하는 생각으로요. 그저 아이가 책을 즐겁게 읽기를 바랍니다. 부모님과 아이의 읽는 여정이 쉽고 편안했으면 좋겠습니다.

둘째, '읽기의 골든타임'에 해당하는 학년이 모든 아이에게 똑같이 적용되거나 고정되지는 않습니다. 편의에 따라 초등 1~2학년, 3~4학년, 5~6학년으로 나누었지만, 한 시기의 방법이 그때에만 적용되는 것은 아니에요. 또 반드시 순서대로 진행되어야 하는 것도 아닙니다. 아이들의 취향과 성향, 그리고 속도는 저마다의 개성을 지니고 있습니다. 아이가 4학년인데 책에 흥미를 느끼는 것이 더 중요하다고 판단한다면 저학년의 골든타임을 적용하면 됩니다. 읽는 아이가 되는 데 정해진 표준과 정답은 없습니다.

셋째, 책에 제시된 골든타임의 단계는 독서 수준을 의미하는 것은 아닙니다. 진도를 빼듯 수준을 높여야 하는 것도 아니고요. 물론 학년이 올라가고 독서가 익숙해지면 좀더 글밥이 많은 책을 읽게 됩니다. 더 어렵고 전문적인 분야의 책을 읽을 수도 있어요. 이것은 자연스럽게 이루어지는 일입니다. 책의 수준을 한정 짓고 진도를 나가듯 단계를 올리려고 노력할 필요는 없습니다. 전날《동물농장》완역본을 읽은 아이가 다음 날 공룡이 나오는 그림책을 읽을 수도 있는 거지요.

넷째, 시기별 골든타임은 존재한다고 생각합니다만, 초등 고학년이나 중학생 아이의 부모님이 너무 늦었다고 생각하지 않으셨으면 좋겠습니다. 물론 어렸을 때부터 꾸준히 책을 읽으면 너무 좋지요. 하지만 어릴 때 책을 거의 읽지 않다가 오히려 어른이 되어 갑자기 독서에 흥미를 느끼는 분도 있어요. 청소년기에도 마찬가지입니다. 어느 순간 깨달음을 얻듯 독서의 세계에 들어가는 것이 가능합니다. 고학년에 이 책을 접하신 분들이라면 초등 저학년 부분을 훑어본 다음 해당 학년의 팁을 자세히 참고하면 좋습니다. 하지만 저학년의 독서 팁이라 해도 분명 적용할 수 있는 부분을 만나실 수 있으리라 생각합니다.

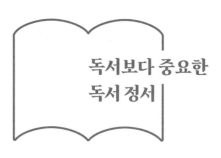

독서보다 중요한
독서 정서

○○ 초등학교 도서관에서 이루어지는 첫 수업입니다. 대개 아이들은 교실 외에 다른 곳에서 하는 수업을 좋아하죠. 수많은 책이 꽂힌 책장이 가득한 도서관에 처음 들어온 순간 어떤 기분이 들까요?

첫 번째 유형입니다. "와, 여기 책 정말 많다. 구경해봐야지! 전에 읽고 싶었던 책이 여기에도 있을까? 오늘 바로 빌려 갈 수 있을까? 오, 저 책 우리 집에 있는 책이네!" 도서관이나 서점에 가면 굳이 책을 읽지 않아도 그냥 신이 나는 아이들이 있습니다. 그냥 책이 많은 곳을 좋아하는 거지요. 저희 아이들은 책 냄새가 좋다고 하더라고요. 보물찾기하듯 책장 사이사이를 걸어 다니다 친구와 눈이 마주치는 것도 재미있는 일이죠.

둘째로 책 자체에 아무 감흥이 없는 아이들도 있어요. 책이란 그냥 종이로 만들어진 물건이죠. 좋고 나쁘고에 대한 감정 자체가 없습니다. 그래도 재미있어 보이는 만화책이 있으니 교실보다는 낫다고 생각합니다.

마지막으로 책을 보면 답답하고 지루해지는 아이들이 있습니다. 책 속에 무슨 내용이 있을지 궁금하거나 호기심이 생기지도 않아요. 책을 아예 펼쳐보고 싶어 하지도 않습니다. 책하면 떠오르는 건 교과서와 문제집이죠. 좋은 감정이 생길 수가 있나요.

독서 정서의 중요성

여기서 핵심은 책에 대한 아이들의 감정입니다. 기분이 좋아지는가, 나빠지는가 또는 아무 느낌이 없는가. 책이 재미있는 것, 즐거운 것, 나에게 도움이 되는 것이라는 긍정적 느낌은 독서를 생활화하는 데 결정적인 요소가 되죠. 반면 책은 지루한 것, 어려운 것, 부담스러운 것이라는 부정적 느낌은 독서를 시작하기 어렵게 만듭니다. 이러한 감정을 독서 정서라 부를 수 있습니다. 최근에 공부 정서가 중요하다는 이야기가 많이 들리는데요, 독서 정서도 같은 선상에서 이해하면 될 것 같습니다.

사실 어떤 대상에 대한 느낌, 그리고 정서는 이성적으로 설명하기 어렵죠. 어떤 사람을 좋아하는 이유를 논리적으로 설명할 수 없으니까요.

누군가는 좋아하는 이유를 설명할 수 있다면 진짜 좋아하는 게 아니라고 하더군요. 함께하는 순간의 공기, 습도, 냄새, 햇살이 내리쬐는 각도, 주변에서 느껴지는 알 수 없는 아우라와 이미지. 순간순간의 느낌이 차곡차곡 쌓이면 설명하기 어려운 감정의 총체가 만들어집니다.

초등 저학년은 책에 대한 긍정적 이미지를 형성하고 책 읽는 즐거운 경험을 쌓는 골든타임입니다. 새끼 오리들이 처음 본 대상을 어미로 생각하고 따라다닌다는 각인 효과는 유명하죠. 어떤 대상에 대해 처음 가지게 되는 인식은 중요합니다. 유아에서 초등 저학년에 이르는 시기는 책에 대한 첫인상을 만드는 시기입니다. 이 시기에 책에 대해 긍정적인 정서를 가지게 된다면 평생 독서는 즐거운 행위로 인식될 수 있지요. 이후로 이루어지는 독서 교육은 쉽고 자연스러워집니다. 그래서 초등 1, 2학년 때는 독서 방법이나 형식, 책의 종류와 내용 등 그 어떤 것보다 독서 정서가 중요합니다. 초등 저학년은 독서를 즐기고 사랑하는 아이로 키우는 골든타임입니다.

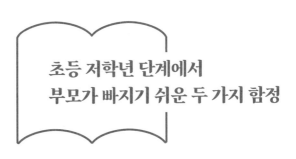

초등 저학년 단계에서
부모가 빠지기 쉬운 두 가지 함정

아이가 초등학생이 되면 엄마 마음이 바빠집니다. 아이가 입학하는 순간부터 학습과 평가라는 부담이 느껴지기 시작하지요. 공교육에 몸을 담고 있는 교사로서 안타까운 일이지만 학교 선생님은 유치원 선생님에 비해 평가자에 가깝게 느껴지기도 합니다.

큰아이가 초등학교 1학년에 입학하고 학교에서 무엇을 배우나 봤더니 줄이 없는 스프링 종합장에 색연필로 반듯하게 줄긋기를 하고 있더라고요. 아, 초등 1학년은 이렇게 천천히 시작하는구나 생각했는데, 다음 주에 바로 꽤 수준 높은 문장으로 글쓰기를 해야 하는 겁니다. 마음이 덜컥했습니다. 아이가 잘 따라갈 수 있을까. 학교에서 내 아이는 어느 정도 수준인 걸까. 이런 불안감이 내내 지속되는 게 초등학교 1학년 엄마 마음입니다.

그래서 초등학교에 들어가는 순간 즐겁고 자유롭던 책 읽기가 학습의 영역에 들어가 버리는 경우가 많아요. 물론 부모의 마음속에서요. 이때 두 가지 함정에 빠집니다. 첫 번째는 학습에 밀려 독서가 후순위가 되는 거예요. 영어 학원 등 학습을 위한 학원에 다니게 되면 학원 숙제가 1순위가 됩니다. 받아쓰기 준비도 만만치 않고요. 수학 단원평가 준비도 해야 하고, 일기도 써야 합니다. 하나씩 중요한 것들이 치고 나오면서 독서가 점점 뒤로 밀리다 결국 흐지부지 사라집니다.

두 번째는 학습을 위한 독서를 열심히 시키는 거예요. 다양한 분야의 배경지식을 쌓아야 하니 아이의 선호와 상관없이 좋다는 책을 권합니다. 유아 시기에 읽던 수준이 낮은 책은 잊어야 한다고 생각합니다. '책을 안 읽으면 나중에 공부를 못하게 돼!'라는 기조로 열심히 독서 교육을 합니다.

독서 정서를 탄탄하게 만들어 가는 시기

초등 저학년 시기는 여전히 즐거운 읽기가 핵심이 되어야 합니다. 요즘 아이들의 학습 수준이 높아졌기 때문에 벌써 공부가 재미없다고 생각하는 아이들이 많습니다. 그래서 중요한 건 독서는 공부가 아니라고 생각하는 것입니다. 학습에 도움이 되는 책을 골라 읽히지 마세요. 아이가 좋아하는 책이 결국은 아이에게 더 큰 도움이 됩니다. 사실 초등 저학년에 읽은 책에서 얻을 수 있는 학습 지식은 별로 의미가 없습니다. 아이가 조금만 더 크면 한꺼번에 얻을 수 있는 지식의 양에 불과합니다. 지금은 그저 재미있는 책, 좋아하는 책을 읽으며 즐거움을 느끼는, 독서 정서가 도톰해지는 것이 중요합니다. 그래도 학습이 너무 중요하게 느껴지면 잠시 생각해 보세요. 초등학교 1, 2학년 받아쓰기 점수, 수학 시험 점수가 아이 인생 전체에서 정말 중요한 것인지를요.

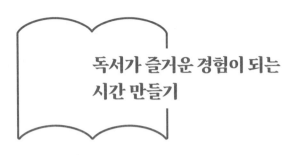

독서가 즐거운 경험이 되는 시간 만들기

저희 아이들이 초등학교 저학년일 때 동네 도서관 가는 걸 좋아했어요. 걸어가기에는 살짝 멀어서 마을버스를 타고 갔는데, 엄마와 버스를 타는 게 즐거웠나 봐요. 버스 창문 사이로 살짝 건조하고 따스한 바람이 밀려 들어오고, 진한 노란빛의 개나리 군락이 드문드문 따라오던 기억이 납니다. 봄에 더 자주 갔던 모양이에요. 신발을 벗고 들어가 앉아서 책을 볼 수 있는 어린이 열람실이 쾌적했습니다. 좋은 그림책이 꽤 많았어요. 그런데 저희 아이들이 제 생각만큼 열람실에 얌전히 앉아 책을 읽지 않았어요. 주변을 둘러보면 책을 쌓아 놓고 읽고 있는 어린이들이 보여요. 우리 애는 왜 이리 집중력이 짧은가 마음이 불편해집니다. 책도 제대로 안 읽을 거면서 도서관은 왜 좋아하는 거지? 아이들은 지하

매점이 좋았던 거예요. 도서관 매점에서는 평소 엄마가 잘 못 먹게 하던 라면도, 우동도 먹을 수 있고, 게다가 과자도 후하게 사 주거든요.

아이들이 좀 커서는 제 책을 고르기 위해 종합열람실에도 같이 갔습니다. 엄마와 함께 청구기호를 보면서 책을 찾아보기도 하고, 엄청나게 두꺼운 책이 눈에 띄면 신기해하며 뽑아 넘겨 보기도 합니다. 책이 몇 쪽까지 있는지 보려고요. 그렇게 기분 좋게 어른 열람실까지 구경하고 나면 각자 책을 고르고 대출을 합니다. 무인대출기에서 스스로 책을 빌리는 걸 즐거워합니다. 빌린 책을 각자 가방에 넣고 다시 버스를 타고 옵니다. 집에 오면 아이들이 물어요. "엄마, 도서관 또 언제 가요?"

그때는 아이가 얌전히 앉아 책을 읽지 않는 것이 답답하더라고요. 뭐가 그렇게 급했을까요? 그냥 아이들에게 도서관 나들이가 즐거운 추억이 되면 그걸로 충분한 건데 말이죠. 책에 집중을 좀 못하면 어때요? 외부의 다양한 자극이 더 즐거울 수도 있습니다. 책이 가득 꽂혀 있는 곳이 편안하고 행복한 기억으로 남으면 도서관 행차는 모든 걸 이룬 거지요. 오래된 책에서 나는 서늘하고도 쾌쾌한, 먼지와 종이가 의도치 않은 화학작용을 일으킨 그 특유의 냄새가 다정하게 느껴지면 되는 겁니다.

아이와 손잡고, 서점으로

가까운 곳에 있는 서점도 좋습니다. 요즘 대형 서점은 앉아서 책을 볼 수 있도록 배려한 곳도 있죠. 눈길을 사로잡는 문구나 아이디어 소품을 함께 팔기도 합니다. 책을 고르다 잠시 앉아 차를 마실 수도 있지요. 서점이라기보다는 복합문화공간으로 변화하고 있어서 더 매력적인 곳으로 느껴집니다. 서점에 가면 아이들이 읽고 싶은 책을 한 권씩 사 줍니다. 그러면 아이들이 책을 고르기 위해 아주 신중해지죠. 물론 골라오는 책이 엄마 마음에 차지 않을 가능성이 큽니다. 그래도 이 시기에는 가능하면 원하는 책을 사 줬어요. 서점에 방문하는 이벤트가 즐거운 경험이 되는 게 더 중요하니까요.

얼마 전 강원도 속초에 여행을 갔을 때 '문우당 서림'이라는 지역 서점에 들른 적이 있습니다. 이런 특색 있는 지역 서점이 많으면 얼마나 좋을까 하는 생각이 들더군요. 별생각 없이 잠시 지나가다 들렀는데 아이들이 정말 좋아했어요. 어렸을 때처럼 원하는 책을 한 권씩 사 주었습니다. 여행을 다녀와서도 다른 곳보다도 잠시 들른 서점 이야기를 더 하더라고요. 어릴 때부터 즐겁게 놀러 가던 서점이 친근하고 익숙하게 느껴지는 모양입니다. 다른 지역으로 여행을 갈 때도 지역 서점이 있으면 꼭 들러 봐야겠다고 생각했습니다.

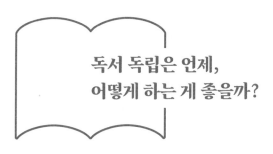

독서 독립은 언제,
어떻게 하는 게 좋을까?

아이가 한글을 깨치고 나면 슬슬 독서 독립을 하게 됩니다. 영유아기에 꾸준히 책을 읽어 주느라 목이 쉬어 가는 부모님께는 희소식입니다. 한글을 깨치는 시기는 아이마다 다르지만 대부분 초등학교 입학 전에는 익히고 가게 하실 거예요. 초등 저학년 시기에 무리 없이 한글을 읽을 수 있다고 가정하고 이야기하겠습니다.

한글을 읽을 줄 안다고 아이가 바로 독서 독립을 하게 되지는 않죠. 한글을 한 자 한 자 읽을 수 있더라도 내용을 파악할 만큼 읽을 수 있으려면 조금 더 시간이 필요합니다. 글자를 읽는 것과 책을 읽는 것은 다르니까요. 영국의 독서학자 우샤 고스와미는 그녀의 연구(2004)에서 다섯 살부터 독서를 시킨 아이들이 일곱 살에 독서를 시작한 아이들보다 성취도가 낮다는 결과를 발표합니다. 빨리 독서를 시작하는 것이 꼭 이롭지 않을 수도 있다는 의외의 결과입니다. 독서 독립은 부모가 계획을 가지고 시기를 정하는 것이 아니라 아이가 선택하는 겁니다. 책에 긍정적 정서를 가지고 있는 아이라면 자연스럽게 스스로 책을 읽게 됩니다. 특히 유아기에 읽었던 그림책에서 글자를 읽을 수 있다는 기쁨을 느끼면서 자연스럽게 독서 독립을 해 나갑니다. 아이가 스스로 읽는 시기를 앞당기기 위해 노력하지 마시고 계속 읽어 주면서 기다려 주세요. 글자를 읽을 줄 알아도 그림에 더 집중하는 아이도 있습니다. 너무 급하게 독서 독립을 하면, 글자만 읽으며 책장을 넘길 수도 있어요. 아이는 자신이 책을 읽고 있다고 생각하지만 내용을 제대로 이해하지 못할 수도 있습니다. 목이 아프고 피곤하시겠지만 급하게 생각하지 말고 기다려 주세요. 특히 학교 수업 시간에 교과서를 읽고 친구들과 책을 읽으면서 자연스럽게 독립하게 됩니다.

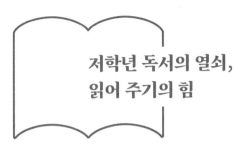

저학년 독서의 열쇠,
읽어 주기의 힘

아이가 독서 독립을 하고 스스로 책을 읽을 수 있다 해도 혼자 알아서 읽게만 두지 마세요. 최소한 초등 저학년까지는 부모님이 계속 책을 소리 내서 읽어 주세요. 눈으로 보는 책과 부모님의 목소리로 듣는 책이 결합 되면 더 완성도 높은 독서를 할 수 있지요. 아직은 아이가 혼자서 읽는 것만으로 정확히 내용이 이해되지 않을 수 있습니다. 부모님이 읽어 주시고 또 자신이 혼자서 읽으면서 읽는 힘이 커져 갑니다. 단 소리 내어 읽어 주는 분량을 점차 줄여 갑니다. 읽어 주실 때는 다음과 같은 전략을 사용해 보세요.

첫째, 베갯머리 독서 시간에 읽어 주기 시간을 할애해 주세요. 아이가 스스로 읽을 때는 부모님도 옆에서 좋아하는 책을 읽으세요. 아이가 읽기를 끝내면 잠자리에 눕게 하고 책을 읽어 주면 됩니다. 그 후에는 불을 끄고 따뜻한 베드 타임 토크로 하루를 마무리합니다. 이러한 루틴은 초등 저학년 시기에 긍정적 독서 정서를 불러일으키는 데 가장 쉽고도 확실한 방법이 됩니다.

둘째, 아이가 스스로 읽는 시간과 부모님이 읽어 주는 시간의 비율을 점차 조절해 나갑니다. 처음 읽기 독립을 시작하면 2 : 8, 익숙해지면 5 : 5 정도의 비율로 스스로 읽는 시간을 늘려 주세요. 이 비율은 결국 아이가 정하게 될 겁니다. 재미있는 책을 읽게 되거나 읽는 방법을 어느 순간 터득하면 혼자서 꽤 오랜 시간 읽을 수도 있습니다. 그러면 굳이 비율을 순차적으로 늘릴 필요도 없지요. 특히 아이가 스스로 책을 익숙히 읽으면 베갯머리 독서 시간에만 짧게 읽어 주면 됩니다. 그런 순간이 오면 이제 부모님도 좀 편해지겠지요. 저는 신세계라고 느꼈던 기억이 있습니다.

셋째, 소리 내서 읽어 주는 책은 어떤 책이든 상관없습니다만, 상황에 따라 다음 분류를 참고해 주세요.

아이 상황에 맞는 책 고르는 법

① 그림책

유아 때부터 좋아하던 그림책도 좋고, 새로운 그림책도 좋습니다. 물론 읽던 책이라면 아이가 유치하게 생각하거나 질린 책 말고, 여전히 좋아하는 책으로요. 부모님이 읽어 주는 동안 그림을 보거나 다양한 상상을 할 수 있도록 해 주세요. 그림책의 힘은 초등 저학년 시기에도 여전히 강력합니다. 그림을 보면서 이야기를 나누고, 자유롭게 생각을 넓히는 기회가 될 수 있습니다.

② 아이가 평소 혼자서 잘 읽는 책

아이가 스스로 잘 읽는 책도 가끔은 부모님 목소리로 읽어 주세요. 아직 혼자 읽기가 완벽하게 익숙하지 않은 아이들이 눈으로 읽던 책을 소리로 들으면 이해의 폭이 넓어지고, 읽기의 정확성과 수월성을 높일 수 있습니다. 아이가 좋아하는 책을 여러 번 반복해서 읽는 것이 다양한 책을 읽는 것보다 더 효과적인 시기입니다.

③ 아이가 읽을 수 있는 수준보다 글밥이 많은 책

초등 저학년 시기에 자연스럽게 글밥이 많은 책으로 넘어가게 됩니다. 이때 글밥이 많은 책을 읽으라고 권하기 전에 재미있는 책으로 골라 읽어 주세요. 글밥이 많아지면 스토리 구성이 더 탄탄해지면서 흥미로운 이야기를 담을 수 있습니다. 아이가 혼자 읽기는 좀 무리라고 판단되는 책도 이런 식으로 접하면 자연스럽게 읽기의 수준을 높일 수 있습니다.

④ 소리 내어 읽어 주기 좋은 책

문장이 아름답고 의성어나 의태어가 풍부하게 사용되는 책이 좋습니다. 이건 직접 책을 소리 내어 읽어 본 적이 있는 분은 다 동의하실 거예요. 읽는 사람도 즐겁거든요. 술술 읽어 주기 좋은 책은 매끄러운 문장으로 잘 쓰인 책입니다. 예전에 노래 경연 프로그램에서 한 심사위원이 참가자에게 '말하듯' 노래하라고 충고하는 걸 본 적이 있어요. 힘을 빼고 말하듯 자연스럽게 쓰인 문장이 좋은 문장입니다. 또 풍부하고 아름다운 어휘가 사용된 책을 읽으면 읽는 사람도, 듣는 사람도 기분이 좋습니다. 특히 의성어나 의태어가 많이 쓰인 글은 읽는 맛이 있고, 듣는 사람의 귀에도 쏙쏙 들어오죠. 책 읽는 즐거움을 느끼게 하고 독서 정서에도 도움을 주는 글입니다.

⑤ 재미있는 이야기가 가득한 전래동화

초등 저학년 시기에 읽어 주기 좋은 책 종류를 하나만 꼽으라고 하면 전래동화를 들 수 있습니다. 전래동화는 구전으로 내려온 이야기를 동화로 엮은 것이죠. 아주 예전부터 할머니 할아버지께서 해 주시는 옛날 이야기가 전래동화입니다. 요즘 아이들은 어른에게 재미있는 옛날이야기를 해 달라고 조르는 일이 없지요. 하지만 재미있는 이야기를 좋아하지 않는 아이는 없습니다. 특히 신기한 이야기, 웃긴 이야기, 통쾌한 이야기, 감동적인 이야기들로 가득한 전래동화는 초등 저학년 아이들에게 큰 즐거움을 줍니다. 조상의 지혜, 우리나라의 전통문화를 가깝게 느낄 수도 있고요. 글밥이 많지 않아 읽어 주기에도 부담이 없습니다. 특히 아이가 좋아하는 이야기가 있다면 반복해서 읽어 주어도 좋습니다.

초등 저학년 아이에게 읽어 주기 좋은 책

• 아름다운 그림책 : 《찔레꽃 울타리》 시리즈

제가 저의 아이들에게 가장 많이 읽어 준 그림책은 질 바클렘의 그림책 《찔레꽃 울타리》 계절 시리즈입니다. 이 책은 그야말로 그림책의 고전이 아닐까 생각합니다. 먼저 그림이 매우 정교하고 아름답습니다. 그림만 한 장 한 장 넘기며 들여다봐도 재미있어요. 들쥐 마을의 다양한 식구들이 겪는 따뜻한 이야기로 구성되어 있는데요, 계절감이 뚜렷하고 묘사가 아름다워서 절로 탄성이 나옵니다. 문장도 좋고 자연을 묘사하는 풍부한 단어가 읽는 사람이나 듣는 사람 모두에게 행복감을 줍니다. 번역도 매우 잘 되어 있어서 소리 내어 읽으면 성우가 된 기분이 들기도 해요. 가족 간의 사랑, 이웃 간의 정, 공동체의 가치 등의 소재가 따뜻하게 다루어져 있어 자기 전 독서로 적절합니다.

• 재미있는 전래동화 : 《삼백이의 칠일장》

몇 번을 읽어 줘도 깔깔거리며 즐거워하는 《삼백이의 칠일장》 두 권 모두 읽어 주기 딱 좋은 책입니다. 전래동화의 형식으로 쓰인 창작 동화인데, 아이들이 좋아할 만한 소재와 구성이 참신합니다. 다양한 에피소드가 옴니버스 형식으로 구성되어 있어 읽을 양을 자유롭게 정하기 좋습니다. 여러 이야기가 절묘하게 엮여 무릎을 탁 치게 됩니다.

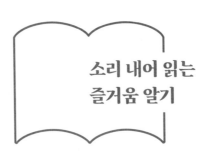

소리 내어 읽는 즐거움 알기

초등 저학년 시기에는 부모님이 책을 읽어 주는 것뿐만 아니라 아이가 스스로 소리 내어 읽는 기회도 필요합니다. 소리 내어 책을 읽는 것은 사실 초등 저학년이 아니면 시도하기 어려워요. 중학년만 되어도 귀찮아서 하기 싫고, 무엇보다 글이 길어지기 때문에 목도 아프고 힘들죠. 또 스토리가 다양하고 복잡해지면 보다 긴 시간 몰입하며 읽게 되기 때문에 소리 내어 읽는 것이 적절하지 않기도 합니다.

학교에서는 선생님이 수업 시간에 아이들에게 돌아가며 책을 읽도록 하는 경우가 많습니다. 사실 아이가 책을 읽는 모습만 관찰해도 아이의 성취도를 예측해 볼 수 있습니다. 이건 중학교에서도 마찬가지예요. 반듯한 자세로 또박또박 유창하게 책을 읽는 아이의 학업 성취가 높을 확률은 90퍼센트입니다. 하지만 더듬더듬 자신 없는 목소리로 간신히 읽는 아이가 학습에서 어려움을 겪을 확률은 99퍼센트예요. (물론 통계적 근거 없는 저의 뇌피셜입니다만 내용에는 확신을 가지고 말씀드립니다.)

> 생산 활동에는 생활에 필요한 것을 자연에서 얻는 활동, 생활에 필요한 것을 만드는 활동, 생활을 편리하고 즐겁게 해 주는 활동이 있습니다. 이러한 생산 활동을 통해 우리는 다양한 소비 활동을 할 수 있고, 편리한 생활을 하게 됩니다.
>
> 〈초등학교 사회 4-2〉, 미래엔

> 생산은 사람들에게 필요한 재화와 서비스를 만들거나 그 가치를 높이는 활동으로, 상품을 만드는 것뿐만 아니라 상품을 운반, 저장하고 판매하는 것도 생산에 포함된다. 생산 활동에 참여하여 노동, 토지, 자본 등의 생산요소를 제공한 사람들은 임금, 지대, 이자 등의 대가를 받는데 이를 분배라고 한다. 소비는 사람들이 분배를 통해 얻은 소득으로 재화나 서비스를 구매하여 사용하는 활동을 말한다.
>
> 〈중학교 사회2〉, 비상교육

초등학교 사회 교과서와 중학교 사회 교과서에 나오는 글입니다. 초등학교 중고학년 아이에게 위의 글을 소리 내서 읽게 하면 어떤 글을 술술 읽을까요? 당연히 초등 교과서의 글을 유창하게 읽겠지요. 중학생 중에서도 내용을 이해하지 못하거나 어휘를 모르는 학생은 능숙하게 교과서를 읽지 못합니다. 글자를 눈으로 보면서 그대로 따라 읽으면 되는데 왜 유창성에 차이가 날까요? 유창하게 읽을 때는 한 글자 한 글자를 보며 읽는 게 아니라 의미 단위로 한 번에 묶어 읽기 때문입니다. 의미를 이해하며 읽는 아이가 훨씬 더 유창하게 읽습니다. 모르는 단어가 나오면 속도가 느려지거나 잘못 읽는 경우가 많아요. 그래서 책을 읽는 모습을 통해 아이의 이해도를 쉽게 파악할 수 있습니다.

자신감을 키우는 책 읽기

독서 독립을 한 지 얼마 되지 않았을 때는 아이가 정확히 이해하며 글을 읽는지 궁금합니다. 책장만 넘기는 건 아닌지, 글자만 보고 넘어가는 것은 아닌지, 대충 읽는 것은 아닌지 걱정이 됩니다. 소리 내어 읽는 모습을 보면 아이의 읽기 상태를 정확히 파악할 수 있습니다. 또한 아이 스스로도 소리 내서 읽는 경험을 통해 책을 충실히 읽는 태도를 기를 수 있습니다.

현실적으로는 학교 수업에 대비할 수 있다는 장점도 있어요. 학교 수업 시간에 소리 내서 읽을 기회가 많으니 연습이 되기도 합니다. 초등 저학년의 학교생활은 성적 자체보다는 자신감과 효능감을 기르는 것이 더 중요합니다. 책을 또박또박 유창하게 잘 읽는 아이는 선생님이나 아이들이 보기에도 우수해 보이죠. 본인 스스로도 그걸 알아요. 소리 내서 자신 있게 읽는 수 있다는 것만으로도 학교 수업에서 만족감을 느낄 수 있습니다.

아이가 책을 소리 내서 읽게 하려 강요를 해서는 안 됩니다. 학교 수업 대비라는 말을 하거나 부모님이 그렇게 생각하시는 것도 금물이에요. 그보다는 칭찬과 격려가 훨씬 중요합니다. 평소 부모님이 책을 읽어 준다면 아이는 쉽게 응할 겁니다. "오늘은 아빠가 목이 많아 아픈데 ○○가 읽어 줄래? 아빠도 책 읽어 주는 소리를 들어 보고 싶구나." 이렇게 제안해 보세요. 그리고 아이가 책을 읽을 때 재미있는 표정을 지으면서 추임새를 넣으면 아이가 더 신이 나겠지요. "와, 이제 엄마보다 더 책을 술술 잘 읽네! ○○가 읽어 주니까 더 실감 난다. 특히 ○○부분에서 꼭 그 장면이 보이는 것 같았어!" 등과 같이 칭찬해 주세요.

아이가 소리 내서 읽는 것을 의무적으로 매일 할 필요는 없습니다. 가끔 이벤트처럼 해도 괜찮습니다. 어떤 책을 정확히 읽는지 확인하고 싶을 때, 너무 빨리 읽는 것처럼 보일 때 제안해 보세요. 독서 독립 초기에 잘못된 습관을 바로잡고, 아이 머릿속에서 진행되는 독서 발달 상황을 체크해 볼 수 있습니다. 이 경우에도 읽기가 의무가 아니라는 사실을 기억해 주세요.

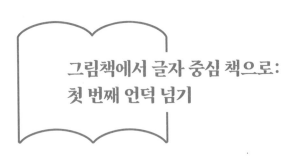

그림책에서 글자 중심 책으로: 첫 번째 언덕 넘기

초등 저학년 단계의 독서는 자연스럽게 그림책에서 글자 중심 책으로 옮겨가게 됩니다. 물론 그림책과 글자 중심 책은 수준이나 레벨로 나눌 수 있는 것은 아니지요. 하지만 아이가 독서 독립을 하고 본격적으로 책의 세계에 빠져들기 위해서는 보다 긴 글을 재미있게 읽을 수 있어야 합니다. 그림 위주로 책을 보다가 글자 중심 책을 읽는 단계로 옮겨가는 것, 이것이 아이의 읽기 역사에서 넘어야 할 첫 번째 언덕입니다.

걱정하지 않아도 아이 대부분이 이 단계를 어렵지 않게 넘습니다. 그림책을 충분히 읽은 아이들은 그림과 함께 있던 글자를 스스로 읽을 수 있다는 것에 뿌듯함을 느끼죠. 부모님의 목소리로 듣던 내용을 스스로 읽을 수 있게 되었을 때 독서의 기쁨을 알게 됩니다. 아이가 처음 책을 읽기 시작할 때는 종이 위의 문자가 빠르게 의미로 이해되기 어렵습니다. 예를 들면 '사랑'이라고 쓰여 있는 글자를 눈으로 읽으면서 머릿속에서 바로 사랑의 의미로 전환되기 어렵다는 거죠. 하지만 부모님이 자주 읽어 주었던 그림책은 내용을 충분히 알고 있기 때문에 글자를 읽으면서 바로 어렵지 않게 이해할 수 있습니다. **책을 읽을 때 가장 중요한 건 술술 읽힌다는 즐거움입니다. 아, 이게 이런 뜻이구나! 순간순간 터지듯 느껴지는 읽는 쾌감은 아이에게 자연스럽게 다른 책을 권합니다.** 시키지 않아도 아이는 용감하게 다음 책, 더 수준 높은 책에 도전하지요.

따라서 글밥이 적은, 그림 중심의 책을 충분히 읽는 것이 중요합니다. 책의 수준은 학년별로 정해져 있는 것이 아닙니다. 초등학생이 되었다고, 글을 잘 읽을 수 있다고 글밥이 많은 책을 이해하며 읽을 수 있는 것은 아닙니다. 아이가 여전히 그림책을 좋아하면 충분히 그림책을 읽게 하는 게 좋습니다. 그림책은 아이의 상상력을 높여 주고, 정서를 보듬어 주는 훌륭한 책입니다.

책을 고르고 도전하기

그림이 적고 글 위주의 책으로 옮겨간다면 일반적으로 재미있는 이야기책을 읽으면 됩니다. 부모님이 자주 읽어 주던 전래동화나 아이들의 일상생활을 다룬 이야기책을 재미있어 하겠지요. 또는 아이의 특정 관심사의 책도 좋습니다. 공룡, 곤충, 신화, 로봇 등 아이가 파고드는 분야가 있다면 첫 번째 읽기 언덕을 아주 수월하게 넘을 수 있습니다. 책은 스스로 고르는 것이 가장 좋지만 부모님과 함께 골라도 좋습니다. 다양한 책을 충분히 구경하게 해 주세요. 책장에 책을 넣었다 뺐다 하는 과정도 중요합니다. 다양한 책을 익숙하게 접하면서 손에 익으면 언젠가 아이의 손에 들려있을지도 모르니까요. 신중하게 책을 고르는 아이를 인정해 주세요.

그렇다고 해서 매번 아이가 책을 고르는 데만 시간을 보내면 좀 답답하게 느껴지실 거예요. 이 때는 내 아이의 취향과 스타일을 파악해서 권유해 보세요. 간혹 지나치게 신중한 아이가 있어요. 선택을 어려워하는 아이는 너무 많은 책이 있으면 선택 자체에서 스트레스를 받기도 합니다. 제 아이가 그랬거든요. 이럴 때는 선택의 폭을 줄여 주면 더 편안하고 자유롭게 책을 고를 수 있지요. 부모님께서 내 아이 전문 북 큐레이터가 되어 주는 겁니다. 단, 읽고 안 읽고는 어디까지나 아이의 선택이 되어야 합니다. 애써서 골라 줬더니 보람 없네, 이런 생각은 하지 마시고요.

글자가 많은 것을 부담스러워하면 읽어 주셔도 좋습니다. 전체를 다 읽어 주는 것도 좋지만 도입 부분만 읽어 주거나 아이와 번갈아 읽는 것도 좋은 방법입니다. 예민한 아이들 중에서 새로운 것을 선뜻 시작하기 어려워하는 아이들이 있습니다. 익숙한 것이 편안하고 안전하다고 생각하기 때문이지요. 새로운 단계로 도전하거나 모험을 어려워하는 아이들의 경우, 앞의 한두 장만 읽어 줘도 뒷부분을 혼자 술술 읽는 경우가 많습니다. 글자 중심 책을 읽어 보면 그림책보다 재미있는 경우가 많아요. 이야기가 좀 더 자세하고 구체적이기 때문이죠. 앞부분을 들으면서 이해하면 뒷이야기가 궁금해집니다. 글밥이 많아 부담스럽다고 생각했는데 막상 읽어 보니 더 재미있다고 느끼게 됩니다. 이런 경험이 쌓이면 이제는 글자 중심의 책들을 자연스럽게 읽을 수 있게 되지요. 이렇게 아이는 독서 인생의 첫 언덕을 부드럽게 넘어가며 즐거운 마음으로 새로운 세상을 받아들이게 됩니다.

TIP **그림책에서 글자 중심 책으로 넘어가는 독서 팁**

① 부모님이 읽어 주던 익숙한 그림책을 충분히 읽는다.

② 글자 중심 책은 재미있는 이야기 책(전래동화, 생활동화 등)으로 시작한다.

③ 책의 도입 부분을 읽어 주어 호기심을 유발하면 자연스럽게 내용에 빠져들며 뒷부분을 읽을 수 있다.

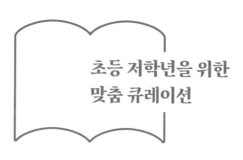

초등 저학년을 위한
맞춤 큐레이션

교실에 스무 명의 아이가 앉아 있다면 책 읽는 스타일은 스무 가지로
나타납니다. 같은 부모에게서 태어난 형제조차도 얼마나 다른지요. 아
이 한 명 한 명은 고유의 개성을 지닙니다. 그래서 양육이나 교육에 있
어 일반화나 확언은 위험합니다. 또한 모두에게 적용되는 만병통치 방
법이란 존재할 수 없지요. 아이에게 딱 맞는 책을 찾는 것은 그래서 쉬
운 일이 아닙니다.

아이가 스스로 다양한 책을 찾아 읽으면 좋겠지만 읽기가 특별한 일
이 된 지금 그런 아이를 찾아보기 힘듭니다. 그리고 저학년 아이들은
재미있는 책을 주도적으로 고르기 어렵습니다. 이때 부모님께서 책을
추천해 준다면 아이들의 독서에 큰 도움이 되겠지요. 특히 아이의 관심

사와 개성을 고려해 아이가 좋아하는 책, 아이에게 도움이 될만한 책을 권하면 더욱 좋을 겁니다.

좋은 책을 고르는 다섯 가지 방법

책을 고르고 추천하는 것은 무척 어려운 일입니다. 아이에게 맞는 책을 찾아 준다는 것이 부모에게 과도한 부담으로 다가오기도 합니다. 제게도 좋은 책을 찾아 권하는 일은 가장 힘든 일 중의 하나였으니까요. 그래서 여기서는 크게 부담이 가지 않는 선에서 아이를 위한 북 큐레이션 팁을 제시하고자 합니다.

① 전집 활용

현실적으로 저학년 학부모 입장에서 가장 쉬운 큐레이션은 전집을 구입하거나 대여하는 것이죠. 특정 분야의 책을 한꺼번에 구할 수 있으니까요. 특히 우리나라 출판업계에서는 영유아 전집 시장이 큽니다. 저는 전집을 별로 좋아하지 않고, 아이를 위해 과하게 비싼 전집을 사 주는 것을 선호하지 않습니다. 다만 아이가 좋아하는 분야의 책을 손쉽게 큐레이션 하는 효용성은 있다고 생각합니다. 특히 아이가 독서 독립을 하는 초등학교 시기부터는 전집을 추천하지 않습니다만 아이가 부담을 느끼지 않는 선에서 전래동화나 위인전 등의 전집은 유용하게 활용할 수 있습니다. 모든 책을 읽지는 않아도 구경하는 즐거움을 느끼게 해 줄 수 있지요. 특별히 좋아하는 책을 반복해서 읽거나 존경하는 인물이 생긴다면 그것만으로도 효용 가치가 충분합니다. 또한 아이의 선호를 발견하여 앞으로의 독서 방향을 잡는 데 도움이 되기도 합니다.

② 권장 도서

초등학교 저학년은 학교에서 제공하는 '권장 도서 목록'을 적극적으로 활용하는 것도 좋습니다. 고학년이 되면 아이들의 관심 분야가 다양해지고 과목별로 학습의 관점에서 권장 도서가 제공되면서 우리 아이에게 맞는 목록을 참고하기가 어렵습니다. 반면 저학년 권장 도서는 처음 책을 읽기 시작하는 아이들의 눈높이에 맞추어 잘 읽히고 재미있는 책 위주로 선정합니다. 저학년 권장 도서 목록에서는 오랜 기간 많은 아이들에게 인기 있는 이야기책, 절로 웃음이 나는 생활 동화, 친근한 동물들이 주인공으로 나오는 책, 감동적인 교훈을 주는 책들을 많이 찾아볼 수 있지요. 그래서 아이들 대부분은 거부감 없이 쉽게 권장 도서를 읽습니다. 추천 목록을 참고하면서 아이가 좋아할 만한 책으로 큐레이션을 하면 교육적이고도 재미있는 책을 쉽게 추천할 수 있습니다.

③ 권위 있는 수상 작품

권위 있는 수상작을 참고하는 것도 좋은 방법입니다. 미국의 아동 문학상으로 뉴베리상과 칼데콧상이 있습니다. 뉴베리상은 어린이의 눈높이와 이해력을 고려한 책으로 주제와 표현 방법이 예술적인 책에 수

여합니다. 뉴베리상은 그림책뿐만 아니라 소설과 같은 아동 문학 전체를 대상으로 합니다. 칼데콧상은 그림책의 뛰어난 삽화와 표현력을 중시하는 그림책의 노벨상으로 알려져 있습니다. 비교하자면 뉴베리상은 문학적 요소에, 칼데콧상은 그림에 초점을 맞춘 상이라고 볼 수 있습니다. 칼데콧 수상작은 유아에서 초등 저학년 시기에 아름다운 그림책으로 권합니다. 뉴베리 수상작은 초등 저학년 시기뿐 아니라 고학년 학생들을 위한 수준 높은 책까지 더욱 범위가 넓습니다. 우리나라의 출판사들은 다양한 수상작들을 번역하여 펴내고 있습니다. 수상작은 검증된 좋은 책이라 볼 수 있고, 실제로도 아이들이 좋아하는 책이 많아 큐레이션에 활용하기 좋습니다.

④ 아이 성향에 맞는 책

아이들 성향마다 좋아하는 책 스타일은 다르게 나타납니다. 친구에 관심이 많고 마음이 따뜻한 관계 지향적 아이라면 친구 관계와 관련 있는 이야기책이나 학교를 배경으로 한 따뜻한 생활 동화책을 즐겁게 읽습니다. 반면 지식이나 사실에 관심이 많은 목적 지향적 아이라면 흥미로운 지식이 담겨 있는 과학책을 재미있게 읽을 가능성이 높지요. 독서 독립 시기에는 우선 아이의 성향에 맞춰서 좋아할 만한 책을 추천해 주는 게 좋습니다. 관심 분야를 재미있게 읽는다면 비슷한 책을 충분히 읽게 해 주세요. 그리고 이후에 부족한 부분을 채워 주는 책을 권해 보세요. 예를 들면 너무 정보 관련 책만 본다면 친구 관계와 관련한 이야기책이나 따뜻한 가족 이야기와 같은 소설을 접하게 도와주세요. 너무 관계에만 치중한다면 재미있는 지식을 다룬 책도 접해 보면 좋습니다. 단, 다양한 독서는 더 커서 시도해도 괜찮으니 억지로 권하실 필요는 없습니다. 이 시기에는 무엇보다 즐겁고 재미있게 읽는 것이 가장 중요하니까요.

학습 만화를 권해도 될까요?

학습 만화에 대한 고민과 궁금증은 부모님 대부분이 가지고 계실 것으로 생각합니다. 아이들이 초등학교 저학년일 때 제게도 학습 만화는 고민거리였습니다. 그런데 이에 대한 명확한 정답은 있을 수가 없습니다. 아이마다, 상황마다 다르기 때문입니다. 그래서 읽혀도 된다, 아니다를 정하기에 앞서 먼저 장단점을 생각해 봐야 합니다.

먼저 학습 만화를 읽을 때의 장점은 무엇일까요? 일단 만화책도 책입니다. 책을 싫어하는 아이도 만화는 좋아합니다. 초등 저학년은 일단 즐겁게 책을 읽는 것이 가장 좋다고 했으니, 그러한 면에서는 학습 만화가 딱인 셈입니다. 학습 만화는 부모가 읽히려고 노력할 필요도 없어요. 시키지 않아도 줄줄 읽습니다. 게다가 아이들에게 도움이 되는 학습 내용을 소재로 삼고 있어 풍부한 지식을 쌓는 데도 도움이 됩니다. 우리나라 학습 만화 시장은 매우 크기 때문에 양도 많지만 질도 높아지고 있어요. 과학, 사회, 역사, 한자, 진로, 컴퓨터, 공학 등 그 분야도 매우 넓습니다. 따라서 배경지식 넓히기를 독서의 목표로 생각하는 분께 효용이 높습니다. 실제로 학습 만화를 많이 읽는 아이 중 박학다식한 아이가 많습니다. 개인적으로는 초등 시기에 특히 과학을 재미있게 다루는 만화책을 보면서 과학에 대한 흥미와 호기심을 키우는 것도 좋은 방법이라고 생각합니다. 또한 만화는 그 자체로 특별한 매체입니다. 훌륭한 만화를 통해 얻는 즐거움도 무시할 수는 없습니다. (저는 만화책도 매우 좋아합니다.)

하지만 마음 편하게 아이에게 학습 만화를 권하기에는 위험성이 적지 않습니다. 가장 큰 문제는 초등 저학년 단계에서 학습 만화 위주로 책을 읽은 아이들은 대부분 문장으로 된 일반 책을 읽으려 하지 않는다는 것입니다. 만화는 매체의 특성으로 볼 때 언어 매체보다는 영상 매체에 가깝습니다. 즉 만화책은 책으로서의 특성보다는 영상 클립의 느낌으로 아이들에게 다가옵니다. 이제 막 그림책에서 긴 글로 이루어진 책으로 향하는 언덕을 넘을 때 학습 만화를 접하게 되면 긴 호흡의 책을 읽는 즐거움을 느끼기가 어렵습니다. 따라서 학습 만화는 초등 저학년 책 읽기 단계에서 장애물이 될 위험성이 있습니다. 그 외에 학습 만화는 글로 이루어진 책에 비해 사용하는 어휘가 한정적이라는 단점도 있습니다. 그림을 위주로 설명하면서 대화가 짧게 이루어지기 때문에 구어체 위주의 문장을 사용하지요. 따라서 깊이 있는 설명이나 사고력을 요구하는 문장이 배제될 수밖에 없습니다. 긴 호흡의 글을 읽으면서 깊이 생각하고 상상하는 데 도움이 되기는 어렵습니다.

장점과 단점이 팽팽하게 맞서는 상황에서 학습 만화를 읽혀도 될 것인지 선택이 쉽지는 않은데요. 일단 아이의 특성과 상황에 따라 다른 답이 나와야 할 것 같습니다. 한편 이것이 부모님의 선택 문제가 아닐 수도 있고요.

저는 학습 만화 자체를 금지하는 것은 정답이라고 생각하지 않습니다. 위험성을 알고 있다면 이것을 통제하고 절제하고자 노력하면서 활용할 수 있지 않을까요. 사실 이것은 비단 학습 만화만의 문제는 아니지요. 우리에게 즐거운 쾌감을 주는 달고 짠 음식이 위험하다고 해서 아예 먹지 않고 살 수 있을까요? 스마트 기기의 폐해가 크다고 해서 아날로그 세상 속에서만 살아야 할까요? 어쩌면 이것은 선택의 문제가 아니라 받아들일 수밖에 없는 상황에 가깝죠. 그렇다면 그 문제점을 컨트롤하면서 유용성을 선택적으로 활용하는 방법을 터득해야 할 겁니다. 학습 만화를 집에서 원천 금지해도 아이들이 사회생활을 하게 되면 어떻게든 접할 수밖에 없어요. 학교에 가서 보고, 학원에 가서 보고, 친구 집에 가서도 봅니다.

그러나 최소한 그림책에서 문장 중심의 책을 스스로 읽는 첫 번째 언덕을 오르는 시기까지는 학습 만화를 접하지 않는 게 좋다고 생각합니다. 독서 독립을 어떤 책으로 시작하는가는 중요한 문제라고 생각합니다. 만화로 독서 독립을 시작한 아이는 인내심과 사고력을 요구하는 고학년 읽기에서 새로운 단계로 넘어가기 쉽지 않습니다. 만화책을 읽는 것은 즐거운 일이지만 책읽기의 즐거움을 처음 깨달을 때만큼은 문장으로 이루어진 책으로 시작하도록 도와주세요. 문장 중심의 책을 익숙하게 읽게 된 이후에 만화책을 접하는 것이 좋습니다. 충분히 책의 즐거움을 느낀 후 만화책을 읽게 되면 만화책만 읽으려고 하는 폐해를 어느 정도 예방할 수 있습니다.

아이가 읽기 역사의 첫 번째 언덕을 무사히 넘은 후 자연스럽게 학습 만화를 읽게 되었다면 원하는 대로 읽게 해주시되, 집에 학습 만화를 전집의 형태로 들이는 것은 피해 주세요. 도서관에서 빌려 읽거나 특별히 좋아하는 책을 낱권으로 구입해서 읽는 것은 괜찮습니다. 책장을 학습 만화 전집으로 채우게 되면 다른 책을 읽기 어렵습니다. 이 시기에 만화를 통해 학습 지식을 쌓는 것이 나쁘지는 않지만 길게 보면 큰 의미는 없습니다. 학습 만화로 습득하는 지식에 의미를 두는 것은 욕심에 가깝습니다.

마지막으로 놀이처럼 학습 만화를 읽는 것은 허용하되, 베갯머리 독서 시간에는 학습 만화를 읽을 수 없다는 등의 제한을 두시고 이유도 알려주세요. 이것은 학습 만화에만 지나치게 빠져 문장으로 된 책에서 멀어지는 것을 막아주는 최소한의 보루가 됩니다. 아이가 크면 서서히 학습 만화가 유치하다고 생각하게 되죠. 꾸준히 글 중심의 책을 읽어 오던 아이는 자연스럽게 독서의 수준을 크게 높이게 됩니다. 이렇게 학습 만화의 효용은 살리되, 깊이 있는 독서를 멈추지 않을 수 있습니다.

현우: 엄마, 친구 집에서 전기 만화책을 봤는데 재미있더라고요. 저도 사 주세요.

엄마: 그래? 그렇게 재미있었어? 어디가 좋았는데?

현우: 그냥 내용이 다 재미있어요. 집에서도 계속 읽고 싶어요.

엄마: 우리 현우가 재미있다고 하니 엄마도 궁금하네. 만화가 재미있구나!

현우: 이렇게 생긴 건 다 재미있더라고요.

엄마: 그래, 현우가 재미있으면 읽으면 되지. 학습 만화를 읽는 건 좋은데 조심해야 할 게 있어. 학습 만화만 읽으면 다른 책을 읽기 힘들 수도 있대.

현우: 그럼 학습 만화가 나쁜 거예요.?

엄마: 현우가 절제하면서 읽으면 나쁘지 않다고 생각해. 하지만 학습 만화를 많이 사 줄 수는 없어.

현우: 그럼 제가 꼭 가지고 싶은 걸로만 골라서 사 주시면 안 돼요?

엄마: 그래, 그럼 꼭 필요한 책은 사서 보자. 더 보고 싶은 건 도서관에서 빌려 읽을까?

현우: 좋아요!

엄마: 참, 자기 전 독서 시간에는 만화책은 읽지 않기로 하면 어때? 자기 전 시간만큼은 우리 읽던 책 위주로 읽기로 하면?

현우: 그래요, 그럼 만화책은 낮에 쉴 때 조금씩 볼게요. 그리고 저는 만화도 보고, 글자 책도 읽고 다 재미있을 것 같아요.

엄마: 그래, 엄마도 그렇게 생각해!

4장

골든타임
단계별 읽기 로드맵 2

초등 중학년,
몰입하는 아이의 책 읽기 수업

식구 하나하나의 정서적 안정과 성장을 뒷받침하는 가정에는 두 개의 거의 상반된 특성이 공존하고 있다는 점이다. 그것은 원칙과 자발성, 규율과 자유, 높은 기대와 무조건적 사랑의 공존이다.

— 《몰입의 즐거움》, 미하이 칙센트미하이 지음, 해냄출판사

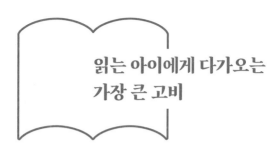

읽는 아이에게 다가오는
가장 큰 고비

앞서 독서 여정에서 세 번의 언덕을 넘게 된다고 말씀드렸습니다. 요즘 아이들에게는 초등 중학년 시기에 넘어야 하는 두 번째 언덕이 가장 큰 고비가 됩니다. 언덕이 가장 높고 길이 험해서가 아닙니다. 사실 가장 무난하고 완만한 언덕이에요. 그런데 그냥 이 언덕 앞에서 멈춰 서버리는 경우가 많습니다. 이유가 무엇일까요?

초등 중학년은 저학년에 비해 새롭게 느끼는 어려움이 크지 않습니다. 이제 어느 정도 혼자 읽을 수 있으니 됐다 하고 마음을 놓기도 합니다. 초등학교 생활도 익숙해졌고 기본적인 생활 습관도 갖춘 상태이므로 본격적으로 학습에 관심을 가지는 시기입니다. 특히 이때 사교육에 투자하는 시간이 늘어나는 경우가 많죠. 그러다 보니 독서에 관한 관심은 줄어들기 시작합니다. 독서가 우선순위에서 급격히 밀리게 되죠. 하나둘 밀리기 시작하면 최후순위로 가는 건 시간 문제입니다. 아이들은 바쁘거든요. 후순위로 밀린 독서는 결국 존재감을 잃어 버리게 됩니다. 이렇게 아이의 독서가 멈춰 버립니다. 중학생들에게 언제부터 책을 읽지 않게 되었냐고 물으면 초등 3, 4학년이라 답하는 경우가 많습니다.

아이의 스마트 기기 사용이 본격화되는 것도 큰 원인입니다. 스마트폰 사용 나이가 급격히 낮아지고 있습니다. 제가 아이를 키울 때만 해도 초등 고학년이 되어서 스마트폰을 사용하는 아이가 많았거든요. 하지만 지금은 3, 4학년 이전부터 스마트폰이 일상화됩니다. 사실 어른도 스마트폰이 옆에 있으면 독서가 잘 안 되는데 아이들은 더 말할 것도 없지요. 특히 자기 전까지 스마트폰을 사용하는 습관을 들이게 되면 책 읽기와 멀어져 버립니다.

초등 중학년, 결정적 골든타임

초등 중학년이 되면 본격적으로 이야기의 흐름에 집중해야 하는 글밥이 많은 책을 읽게 됩니다. 물론 1, 2학년 때 좋아하던 책을 계속 읽어도 괜찮습니다. 하지만 아이의 몸과 마음이 성장한 만큼 좀 더 복잡한 플롯의 이야기나 구체적인 묘사 등을 재미있게 읽게 되지요. 글밥이 많은 깊이 있는 책은 전처럼 금방 읽을 수가 없습니다. 초등 저학년 때는 앉은 자리에서 책 한 권을 후루룩 읽어 버리는 경우가 많지요. 중간중간에 그림 보는 재미도 있고요. 하지만 이제 글밥이 많은 책에서 재미를 느끼려면 더 긴 시간이 필요합니다. 책에 빠져들 때까지 버틸 수 있는 인내심도 중요한 요소입니다. 그런데 책에 집중해야 하는 시간을 견디지 못하는 아이들이 늘고 있습니다. 조금만 두꺼워도 바로 포기해 버리는 겁니다. 재미를 느낄 기회조차 가질 수 없는 거예요. 그래서 이제는 책이 재미없다고 말합니다.

사실 초등 중학년의 언덕만 무사히 넘으면 뒤에 나타나는 언덕은 아무리 높아도 즐거이 넘어갈 가능성이 높습니다. 그래서 이 나지막한 언덕을 넘는 시기는 아이의 독서 인생에서 결정적 골든타임이 될 수 있습니다. 시작하는 긴장감(1, 2학년)과 새로운 단계로 가는 마무리(5, 6학년)라는 중요한 시기 사이에 묻혀 별 관심 없이 지나쳐 버릴 수 있는 초등 중학년은 그래서 더욱 중요합니다.

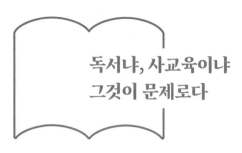

독서냐, 사교육이냐 그것이 문제로다

본격적인 이야기에 들어가기에 앞서 잠시 사교육 이야기를 해 보겠습니다. 독서 이야기를 하다가 갑자기 웬 사교육 이야기냐고 하실 수 있겠지만 이 시기에 독서와 관련한 중요한 이슈라 생각하기에 조심스레 제 개인적인 생각을 나누어 보려 합니다.

먼저 저는 사교육을 반대하지 않습니다. 공립학교 교사로서가 아니라 엄마로서 아이에게 꼭 필요한 부분도 있다고 생각해요. 제 아이들은 초등학교 2학년부터 영어 학원에 다녔습니다. 언어는 긴 시간 동안 꾸준한 인풋이 필요하다고 생각하는데 제가 그걸 해 줄 자신이 없었거든요. 엄마표 영어를 하는 분들을 보면 존경심이 절로 듭니다. 저는 빠른 실력 향상이나 학습 효율을 원한 것이 아니었기 때문에 아이에게 너무 부담이 되는 학원은 피했고, 숙제가 과도하다고 생각하면 선생님과 상담을 통해 조율하기도 했습니다. 둘째 아이는 제 나이보다 많은 형들 사이에서 수업을 받은 적이 있었는데, 중간에 힘들어해서 한동안 쉬게 한 적도 있습니다.

사교육을 할 때는 꼭 필요하다고 생각하는 부분에 대한 우선순위를 정한 후 선택하는 게 중요합니다. 모든 것을 다 사교육으로 해결할 수는 없어요. 특히 초등 중학년까지는 사교육의 양 자체를 최소화하는 게 좋다는 게 제 생각입니다. 이 시기에 아이에게 가장 필요한 것은 여유 있는 시간이기 때문이에요. 초등 저학년 시기에 즐기는 독서를 했다면, 이제는 여유를 가지고 깊이 있게 들어가야 합니다. 그러려면 무언가에 쫓기면 안 됩니다. 숙제와 시간에 쫓기면 아이 자신의 선택으로 책의 세계에 빠지는 것이 불가능합니다.

빠른 나이부터 사교육을 받는 것이 단기간에는 효율적으로 느껴질 수 있습니다. 하지만 길게 보면 이 시기는 효율이 중요한 시기가 아닙니다. 책 속에 빨려 들어가는 몰입의 경험, 긴 시간 집중하며 느끼는 기쁨, 그 순간에 느껴지는 뿌듯함이 아이의 성장에 훨씬 더 큰 자양분이 될 수 있습니다. 무엇보다 시간을 스스로 컨트롤하는 경험이 중요하지요. 초등 중학년까지라도 사교육을 최소한으로 줄이고 좀 더 여유 있는 시간을 만들어 주세요. 읽는 즐거움, 배우는 즐거움, 혼자서 천천히 알아가는 즐거움을 느낄 수 있는 시간이 이 시기 아이에게 꼭 필요합니다.

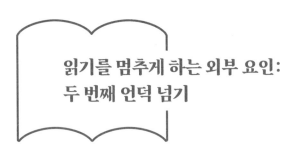

읽기를 멈추게 하는 외부 요인: 두 번째 언덕 넘기

이제 본격적으로 두 번째 언덕을 넘어 보겠습니다. 먼저 초등 중학년 아이에게 독서의 존재감을 잃지 않게 하려면 어떻게 해야 할까요? 답은 쉽고 명확합니다. 책이 재미있으면 돼요. 책이 재미없게 느껴지기 때문에 독서를 멈추는 겁니다. 초등 1, 2학년까지는 재미있게 읽던 아이가 왜 갑자기 재미를 느끼지 못하게 되었을까요?

① 스마트폰의 등장

책보다 재미있는 것이 많아진 거예요. 스마트폰은 재미를 느끼기 위한 노력이나 준비가 필요 없습니다. 스마트폰은 누구나 자신의 관심사나 흥미에 맞는 재미를 느낄 수 있도록 최적의 방법과 콘텐츠를 제공합니다. 스마트폰과 책의 공통점은 한 번 빠지면 시간 가는 줄 모른다는 점에 있을 겁니다. 하지만 한 번 빠지기는 스마트폰이 책과 비교도 할 수 없이 쉽죠. 누구나 쉽고 편한 것을 좋아합니다. 백이면 구십구 스마트폰의 승리로 끝날 겁니다.

② 친구 관계

또래 친구들과의 관계도 적지 않은 영향을 줍니다. 초등 중학년이 되면 친구에게 점점 더 많은 관심을 가지게 됩니다. 어떤 친구와 함께 노느냐에 따라 나의 정체성이 정해지기도 하죠. 특히 최근에는 친구 관계가 주로 온라인에서 형성되면서 SNS의 영향력이 더욱 강해지고 있습니다. 친구들이 어떤 이야기를 하고 있는지, 나에 대해서 어떻게 생각하고 있는지가 최우선 관심사로 떠오르게 되면 손에서 스마트폰을 놓을 수가 없습니다. 오프라인 인간관계보다 온라인 인간관계가 더 큰 영향력을 가지게 되면서 친구 관계에 대한 감각이 더욱 예민해지게 되었지요. 과거에는 친구 관계가 학교나 동네에서 친구와 노는 시간에 한정되었다면 이제는 시간과 공간을 초월하여 아이 마음에 영향을 주고 있습니다. 이러다 보니 책에 대한 관심은 점차 줄어들 수밖에 없습니다.

③ 학습 부담

초등 중학년이 되면 이제 본격적으로 학습량이 많아지고 내용도 어려워집니다. 해야 하는 숙제도 많고 각종 수행평가도 부담으로 다가오지요. 앞에서 살펴본 바와 같이 사교육을 많이 하고 있다면 더더욱 그렇겠지요. 책이라는 매체는 본질적으로 학습 매체와 같습니다. 교과서, 문제집이 다 책이잖아요. 아이들이 학습에서 부담을 느끼면 책도 공부와 같은 범주라고 생각하게 됩니다. "공부도 하기 힘든데 책까지 읽으라고?"가 되어 버리는 것이죠. 반면 아이들은 스마트폰이 공부를 하기 때문에 주어지는 보상이라 생각합니다. 스마트폰이 책 읽기를 이기는 이유지요. 이렇게 되면 더 이상 즐겁게 읽기는 어렵습니다.

위에서 언급한 외부 요인은 비단 초등 중학년 시기만의 것이 아닙니다. 이때부터 시작될 가능성이 높다는 것이지요. 그리고 그 영향력은 나이가 들수록 점차 커지게 됩니다. 따라서 이러한 요인이 나타나기 시작하는 초등 중학년 시기를 잘 보내는 것이 아이의 읽기 역사에서 중요하다는 것은 더 말할 필요가 없겠지요.

스마트 기기 활용법

스마트 기기의 사용에 대해서는 앞에서도 다룬 바가 있습니다. 아이가 스마트 기기를 사용하는 시기를 최대한 늦추더라도 일단 사용하기 시작하면 책과는 멀어질 수 있습니다. 이때는 사용하는 시간과 공간을 분리해 주면 좋습니다. 가장 좋은 것은 아이가 스스로 절제하는 힘을 기르는 것이겠지요. 그런데 스마트폰을 가지고 있으면서 절제한다는 것이 어른에게도 쉽지 않아요. 그래서 아이와 협의하여 물리적으로 스마트 기기를 멀리하는 것도 필요합니다. 스마트폰 자체를 계속 가지고 있게 하면서 "왜 그렇게 폰만 들여다보냐!", "폰 그만 해!"라고 말로 제재를 하면 서로 스트레스를 받아요. 사용하는 시간과 공간에 대해 아이와 구체적으로 합의한 후 아예 눈에서 보이지 않는 곳에 떨어뜨려 놓는다면 그 시간만큼은 스마트폰에서 자유로울 수 있습니다. 절제해야 한다는 것을 알려줌과 동시에 절제하는 방법을 함께 가르쳐 주세요. 스마트폰을 바르게 사용하기 위해 부모님이 함께 노력한다는 걸 아이가 알수 있도록 끊임없는 대화가 필요합니다.

최근 저와 아이들의 독서 시간은 밤 9시 30분 전후에 시작됩니다. 그리고 그 전에 스마트 기기를 안방 충전기에 꽂아 둡니다. 물론 특별한 사정이 있는 경우에는 자유롭게 잠시 볼일을 볼 수 있습니다만, 가능하면 밤에는 스마트 기기를 사용하지 않는 것이 불문율입니다. 그건 저도 마찬가지이고요. 밤에 책을 읽는 방에는 스마트 기기를 두지 않습니다. 베갯머리 독서 시간을 꾸준히 지킨 덕에 저의 아이들은 최소한 독서를 멈추지 않을 수 있었습니다.

친구 관계나 SNS에 몰두하는 것은 부모님이 막을 수 있는 문제가 아닙니다. 요즘 아이들에게 SNS는 나를 표현하는 가장 중요한 수단으로 자신의 정체성이나 다름없습니다. 아이들이 커가는 과정에서 여러 가지 경험을 통해 인간관계를 배워 나가야 하는 것이고요. 어떻게 항상 사람 간의 관계가 좋기만 하겠습니까. 실수할 때도 있고 갈등을 겪을 때도 있지요. 다만 부모님에게 충분한 공감을 얻지 못해 자꾸만 외부 인간관계에 집중하는 현상이 나타난다면 위험 신호입니다. 이런 현상은 주로 초등 고학년이나 중학생들에게 나타나는 것이지만 오히려 그래서 초등 중학년 시기에 더욱 생각해 봐야 할 문제라고 생각합니다. 이 시기부터 부모님과 충분한 대화를 통해 자신의 정체성을 확인하고 자존감을 탄탄하게 만들어 간다면 사춘기에 나타나는 친구 관계의 문제는 크게 염려하지 않아도 됩니다. 친구 이야기에 관심을 기울여 주시고 고민을 나누어 주면서 온라인 세계에 심하게 빠져들지 않도록 정서를 따뜻하게 채워 주세요. 오프라인에서 부모님과의 밀도 높은 정서적 관계가 기저에 깔려 있을 때 온라인에서의 인간관계를 건강히 만들어 나갈 힘을 가지게 됩니다. 중심이 흔들리지 않는 아이는 관계에 휘둘리지 않으며 묵묵히 읽기의 세계에서 즐거움을 느낄 수 있습니다.

독서는 공부가 아니다

독서는 공부가 아니라는 것을 확실히 해야 합니다. 물론 넓게 보면 독서는 인생 공부이지요. 다만 독서는 아이가 의무로 여기는 공부와는 다르다고 생각하는 것이 좋습니다. 그런데 이게 쉽지는 않지요. 의무라는 것은 마땅히 해야 하는 일이기 때문에 어느 정도의 강제성과 부담을 느낄 수밖에 없으니까요. 공부는 아이의 인생과 미래를 위한 것이지요. 독서도 그렇습니다. 그래서 이 두 가지가 점차 겹쳐질 수밖에 없습니다.

그래서 책 좀 읽으라는 잔소리는 독서가 공부라고 느끼게 만들지요.

하지만 아이가 그것을 하도록 만드는 방법에는 차이가 있습니다. 먼저 공부는 하기 싫어도 반드시 해야 하는 것들이 있습니다. 예를 들어 수에는 원래부터 관심이 없고 수학을 싫어하는 아이라 해도 수학 공부를 꼭 해야 한다는 부담을 가집니다. 언어를 배우는 속도가 느려 영어를 싫어한다 해도 영어를 피할 수는 없지요. 하지만 독서는 다릅니다. 읽기 싫은 책은 읽지 않아도 돼요. 좋아하는 책을 읽으면 됩니다. 도움이 될 만한 책을 권해 보았는데 아이가 좋아하지 않는다면 더 이상 권하지 마세요. 꼭 필요한 지식은 학교 수업에서 배우면 됩니다. 꼭 독서로 배경지식을 쌓아 가야 한다는 부담감을 가질 필요 없습니다. 책은 학습을 위한 도구가 아니라 그 자체로 즐겁기 위한 것입니다. 즐기는 독서라는 원칙은 초등 저학년과 여전히 같습니다.

다만 이제는 전보다 깊이 있는 읽기로 들어가야 합니다. 이제 정신적으로 크게 성장한 아이는 초등 저학년 때 읽었던 책에서 재미를 느끼기 어렵습니다. 저의 아이들이 이맘때 했던 말이 떠오르네요. "도대체 내가 그때 왜 뽀로로를 좋아했을까? 어떻게 저렇게 유치한 걸 재미있게 봤지?" 그때의 자기는 지금의 자기가 아니래요. 아이들이 크는 걸 보면 참 신기합니다. 아이들은 정신적으로 놀라울 만한 속도로 성장하고 있으니 이제 그 정도 수준에 맞는 책을 읽어야 독서가 재미있다고 느낄 수 있습니다. 그래서 초등 중학년에서 반드시 두 번째 언덕을 넘는 순간을 경험해야 합니다.

책이라는 매체가 지닌 내부 요인을 극복하는 세 가지 방법

책은 자신을 즐겁게 읽어 주는 사람에게 지극한 즐거움과 만족감의 세계를 열어 보입니다. 방금 읽은 문장을 한 번 더 읽어보세요. 같은 형용사가 반복되어 어색하게 느껴지죠? 즐겁게 읽어야 즐거움을 준다니 동어반복입니다. '즐거움을 느끼려면 즐거운 마음을 가지고 있어야 한다'라는 말이 와닿지가 않지요. 그런데 사실이 그렇습니다. 이것이 바로 책이 지닌 진입장벽입니다. 책은 자신을 재미있게 읽을 마음의 준비가 된 사람에게만 자신의 가치를 조심스럽게 내보입니다. 한번 친해진 사람은 그의 매력에서 빠져나오기 어렵죠. 책을 가까이하는 사람에게 책은 최고의 오락거리와 취미가 되어 줍니다. 책을 읽는 게 즐거워서 책 읽는 시간이 재미있고 그래서 다시 책을 읽고 새로운 즐거움을 얻고 또 다른 책을 찾습니다. 독서 경험의 선순환입니다.

반면 책을 가까이하지 않던 사람이 굳은 결심만으로 책에 다가가기는 어렵습니다. 책은 매우 낯을 가리는 매체입니다. 누구에게든 즉시 자신의 매력을 뽐내는 스마트 기기와는 매우 다르죠. 잠깐 책장을 펼쳐 보는 것만으로는 바로 즐거움을 느낄 수가 없습니다. 독서를 시작하겠다고 큰맘을 먹고 책을 골라 펼쳤으나 느낌이 오지 않습니다. 대신 잠이 오네요. '아, 역시 나는 책이랑 안 맞아!'라며 책장을 덮습니다. 재미를 느낄 수 없으니 책을 계속 읽을 수 없고 결국 독서를 포기합니다. 그래서 세상에는 끊임없이 책을 읽는 사람과 책을 전혀 읽지 않는 사람 두 부류가 있습니다. 책이라는 매체의 이러한 특성은 독서를 하기 어려운 것으로 만드는 내부 요인이 됩니다.

인내가 필요한 시간

특히 이런 내부 요인이 본격적으로 드러나기 시작하는 것이 초등 중학년 시기입니다. 초등 저학년까지 읽는 책은 글밥이 많지 않고 그림을 통해서도 정보를 얻을 수 있습니다. 앉은 자리에서 기승전결을 한꺼번에 파악할 수 있지요. 그래서 부담 없이 책을 읽을 수 있습니다. 하지만 학년이 올라가면서 이러한 책이 재미없게 느껴집니다. 구체적인 이야기, 개연성 있는 플롯, 생동감 있는 묘사, 긴장감 넘치는 갈등, 반전이 있는 결말 등 이제는 수준 높은 스토리에서 재미를 느낄만한 시기가 되었다는 뜻입니다. 아이의 하루를 요약해 볼까요? '아침 먹고 학교 가서 수업을 듣고 집에 와서 숙제하고 저녁 먹고 잠을 잤다' 얼마나 재미가 없어요. 이렇게 써 놓으니 인생이 삭막하게 느껴지네요. 하지만 우리는 알고 있습니다. 이 건조한 문장 사이사이에 얼마나 풍부하고 재미있는 이야기가 숨어 있는지를요. 구체적으로 서술할수록 스토리가 풍부하고 재미있어집니다. 동시에 내용이 길어지고 책은 두꺼워집니다. 그래서 초등 중학년은 이제 글밥이 많고 제법 두께감이 있는 책에서 즐거움을 느낄 수 있습니다.

이제부터 읽어야 하는 긴 호흡의 책은 전과는 다른 진입장벽을 지니게 됩니다. 그것은 바로 시간과 끈기, 그리고 집중력입니다. 전처럼 바로바로 책을 끝낼 수도 없고 결론을 알 수도 없습니다. 끈기를 가지고 앞부분을 읽어 내야 하고 집중해서 몰입해야 하며 비교적 긴 시간을 투자해야 합니다. 즉 즐거움을 느낄 때까지 끈기를 가지고 기다리는 시간을 가져야 하지요. 요즘 아이들은 이것이 너무나 어렵습니다. 스마트 기기가 제공하는 즉각적인 만족과 쾌락, 빠른 전환에 익숙하다면 더더욱 어렵지요.

만족지연능력을 길러야 할 때

'마시멜로 실험' 이야기를 들어 보셨나요? 스탠포드 마시멜로 실험은 교육학에서는 고전에 가까운 이야기지요. 4세에서 6세 유아를 한 명씩 방으로 데려간 뒤 마시멜로를 보여 주면서 15분 동안 먹지 않고 기다리면 하나를 더 준다고 이야기합니다. 어떤 아이는 참지 못하고 바로 마시멜로를 먹었고, 또는 기다리다 먹어 버린 아이도 있었지요. 일부 아이들은 15분은 기다려 마시멜로를 하나 더 받았습니다. 15년 후 이 아이들에 대한 추적 연구를 보면 마시멜로를 먹지 않고 끝까지 참고 기다린 아이들이 청소년기 학업성적과 SAT 성적이 우수했다는 결과가 나타납니다. 만족지연능력, 다시 말해 자제력을 지닌 아이들이 사회적 성공과 높은 성취도를 보인다는 겁니다. (하지만 이후에 이 실험에 대한 반박이 나타납니다. 마시멜로를 바로 먹은 아이는 인내심이 없어서가 아니라 15분 후에 하나를 더 준다는 실험자의 말을 신뢰하지 않았기 때문일 수 있다는 것, 또 인내심보다는 가정환경이 성취도에 큰 영향을 미친다는 것입니다. 예를 들면 불안정한 환경에서 자란 아이들은 상대를 신뢰하지 못한다는 것, 부유한 집 아이들은 마시멜로에 별로 집착을 하지 않았기 때문이라는 것 등입니다.)

초등 중학년 독서부터 가장 필요한 것이 만족지연능력입니다. 독서에서는 본격적으로 즐거움을 느끼기까지 예열 과정이 필요합니다. 예열하려면 에너지가 필요하지요. 집중하면서 이해하고, 공감하면서 흐름을 따라가다 보면 점차 속도가 붙고 흥미로운 이야기가 전개되면서 재미를 느낄 수 있습니다. 결국은 얻게 될 만족감을 위해 잠시 참고 기다려야 하는 시간과 노력이 필요한 거지요. 개인적으로 저는 마시멜로 실험에서 만족지연능력을 지닌 아이들이 뒷날 높은 성취도를 보인 것은 독서에 유리한 아이들이었기 때문이라고 생각합니다.

독서에 빠져들게 만들기

스탠포드 마시멜로 실험에 따르면 만족지연능력은 타고나는 성향에 가깝습니다. 인내와 끈기를 타고난 아이라면 쉽게 독서의 즐거움을 느낄 수 있을 겁니다. 하지만 후대에 이루어진 이 실험에 대한 반박을 살펴보면 환경적 영향을 무시할 수 없죠. 특히 교육하는 사람은 더 나은 방향으로 아이가 성장할 수 있도록 도와야 하니까요. 그렇다면 독서에 빠져들기 전 예열 단계의 에너지는 어떻게 만들 수 있을까요?

첫째, 가장 중요한 것은 초등 저학년 단계에서 쌓아 올린 독서 정서입니다. 책에 대한 즐거운 기억과 긍정적 정서를 가지고 있는 아이는 책을 읽다 보면 재미있어진다는 믿음이 바탕에 깔려 있습니다. 시작할 때 쓴 어색한 첫 문장을 다시 가져와 보겠습니다. "책은 자신을 즐겁게 읽어 주는 사람에게 지극한 즐거움과 만족감의 세계를 열어 보입니다." 저학년 단계에서 책의 즐거움을 느껴본 아이는 이미 책으로부터 초대장을 받은 것이나 다름이 없습니다. 다른 책에서 느꼈던 재미와 즐거움은 새로운 책에 대한 기대감을 불러일으킵니다. 아이가 마음의 문을 열고 시작한다면 책 쪽에서도 즐거움의 문을 열어 줄 테니까요. 저학년 시기에 책에 대한 긍정적 정서를 가지지 못한 아이라면 지금이라도 책에 대한 좋은 이미지를 가질 수 있도록 도와주세요. 그러면서 다른 방법을 병행하면 됩니다.

둘째, 아직 예열 시간을 잘 견디지 못한다면 부모님의 읽어 주기가 큰 도움이 됩니다. 초등 저학년 때처럼 책을 다 읽어 줄 필요는 없습니다. 도입 부분을 읽어 주는 거지요. 등장인물이 누구인지, 이들이 어떤 성격을 지녔는지, 어떤 관계에 있는지, 무슨 일이 벌어지기 시작했는지를 소리 내어 읽어 주는 겁니다. 그러면 집중력을 잃지 않으면서 흥미를 가지게 됩니다. 대부분 책은 도입을 넘어가면서 점차 재미있어지죠. 그즈음부터 "아, 이제 엄마가 목이 아프네. ○○가 읽어 볼래?"라고 넌지시 넘겨 주면 아이가 무리 없이 읽어 갑니다. 뒤에서 살짝 밀어주는 방법이라 하겠습니다.

셋째, 일정하게 독서 시간을 확보하는 것도 좋은 방법입니다. 이때도 베갯머리 독서 시간과 같은 루틴은 큰 도움이 됩니다. 예열을 하기 위해서는 일정 시간 이상 책을 읽어야 하는데요, 책 읽는 시간이 익숙하다면 조금 지루해도 참고 견디는 힘을 가지게 됩니다. 일정 시간 책을 손에서 놓지 않을 수 있다면 곧 예열 과정은 끝나고 흥미진진한 책의 세계로 자신도 모르게 빠져들게 됩니다. 아이에게 조금 더 힘을 주고 싶다면 부모님이 옆에서 함께 책 읽는 모습을 보여 주면 더 좋습니다. 누군가 무언가를 재미있게 읽고 있다면 나도 모르게 같은 행동을 하게 됩니다. 그 누군가가 게다가 사랑하는 부모님이라면 더 말할 필요가 없겠지요.

글밥이 많은 책을 한두 번 읽으며 즐거움을 느끼게 되면 아이에게 독서에서의 성공 경험이 쌓입니다. 글밥이 많은 책이 예전에 읽던 책보다 더 흥미진진하고 재미있다는 것을 충분히 느끼게 되면 두꺼운 책, 글자가 많은 책이 부담스럽지 않습니다. 이제 두 번째 언덕을 넘은 것입니다.

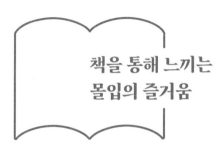

책을 통해 느끼는 몰입의 즐거움

미하이 칙센트미하이는 《몰입의 즐거움》에서 "무엇이 평범한 사람의 인생을 값지게 만드는 것인지 그 답을 알아내고 싶었다"라고 썼습니다. 그는 훌륭한 삶, 삶의 질을 좌우하는 요소가 '몰입flow 경험'이라고 말합니다. '잡념이나 불필요한 감정이 끼어들지 않는 상태, 자의식이 사라지는 반면 자신감은 커지는 상태, 한 시간이 일 분처럼 느껴지는 상태'가 몰입 경험에 대한 묘사입니다.

이러한 순간을 맛본 적이 있으신가요? 일상적으로 우리가 '집중한다'라고 표현하는 상태에 비해 더 높은 수준이라는 것이 느껴지지요. 영혼을 다 한다는 표현이 어울릴 것 같습니다. 미하이 칙센트미하이는

"몰입 경험은 배움으로 이끄는 힘이며, 새로운 수준의 과제와 실력으로 올라가게 만드는 힘이다"라고 말합니다. 네, 그렇죠! 우리 아이들이 몰입을 경험하기를 바랍니다. (그런데 사실 이 책에서는 수동적 여가를 몰입을 느끼기에 적절한 활동으로 보지는 않습니다. 명확한 목표, 빠른 피드백 확인, 과제의 난이도와 실력의 균형을 몰입이 나타날 수 있는 환경으로 보았지요. 그에 따르면 즐기는 독서는 몰입 상태와는 거리가 멉니다. 오히려 수학 문제를 푸는 순간이 몰입 개념에 더 가깝지요. 하지만 여기서 우리는 미하이 칙센트미하이의 '몰입' 개념을 좀 더 넓게 적용하도록 하겠습니다.)

몰입하는 독서가의 탄생

초등 중학년의 독서 언덕을 넘어 깊이 읽기에 들어가면 이제는 스토리를 따라가며 공감하고 빠져들게 됩니다. 주인공에게 감정이입하고 울고 웃습니다. 작가가 묘사하는 배경이 눈에 보이는 것처럼 떠오릅니다. 책을 읽는 순간 시공간을 초월해 다른 세계로 들어갈 수 있지요. 시간이 어떻게 흘러가는지 모릅니다. 이제 그만 읽으라고 해도 뒤에 무슨 일이 일어날지 궁금해서 멈출 수가 없습니다. 주인공이 위기에서 벗어날 수 있는지, 어떻게 사건을 해결할지, 나의 예상과는 같을지 다를지 생각하며 책을 읽습니다. 이제 몰입하는 읽기를 하게 되는 것입니다. 진짜 읽는 재미를 배우기 시작하는 것이 초등 중학년입니다.

이 정도의 몰입형 독서가 초등 중학년에 다 이루어질 수 있다는 뜻은 아니고요, 시작되는 시기라는 데 의미가 있습니다. 10분이면 한 자리에 앉아 책 한 권을 넘겨 읽을 수 있는 저학년 독서와 다르게, 진지하게 시간을 투자해 책에 빠지기 시작하는 시기라는 것이지요. 이것은 아이에게 커다란 의미가 있습니다. 자신이 긴 책 한 권을 몰두해 읽어 내면 뿌듯함과 함께 깊은 만족감이 내면에서 뿜어져 나옵니다. 독서에 대한 긍정적 정서는 더욱 강해지지요. 아이는 스스로 자신의 독서력이 한층 높아졌다는 것을 알아요. 수준 높은 즐거움을 경험하고 자신감을 가지면 이제는 스스로 다른 책을 손에 듭니다. 더 어려운 책에도 두려움 없이 도전하는 힘이 생깁니다. 몰입하는 독서가의 탄생입니다.

이것은 직·간접적으로 학습 능력으로 이어집니다. 집중해서 긴 글을 읽어 본 경험이 있는 아이에게 교과서를 줄줄 읽는 것은 일도 아니지요. 학습에서 집중력이 얼마나 중요한지는 더 말할 필요가 없을 것입니다. 집중력은 쉽게 말해 해당 주제의 흐름을 끊김 없이 따라갈 수 있는 능력입니다. 집중하기 위해서는 지루함을 참을 수 있는 인내와 배움에 대한 의지, 그리고 모르는 것을 알게 되는 순간 느껴지는 쾌감이 필요합니다. 몰입하는 독서야말로 학습을 위한 집중력 향상에 가장 좋은 연습이 될 수 있습니다. 긴 글을 읽어야 하는 귀찮음을 이겨낸 자제력, 그래도 읽기는 재미있는 것이라는 긍정적 정서, 시간 가는 줄 모르고 책을 읽으며 느껴지는 재미는 독서는 물론 앞으로 배움의 길에 아이를 지켜주는 좋은 안내자가 되어 줍니다.

무엇보다 몰입의 경험은 삶에 대한 깊은 만족감을 줍니다. 아이들 역시 자신이 성장하는 것을 느끼면 뿌듯해하죠. 초등 중학년 시기에 책에 몰입할 수 있는 아이는 앞으로 자신이 살아가며 만나게 될 많은 과제 속에서도 몰입의 기쁨을 쉽게 찾을 수 있을 것입니다. 몰입은 순간의 경험이 아니라 삶의 태도가 될 테니까요.

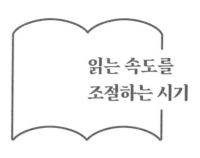

읽는 속도를
조절하는 시기

이제 긴 호흡으로 책을 읽게 된 초등 중학년 아이는 점차 읽는 속도를 높여 갑니다. 특히 책에서 재미를 느끼고 몰입하여 읽게 되면 자신도 모르게 점차 빨리 읽게 되죠. 뒤에 무슨 일이 일어날지 궁금하니까요. 집중력이 높은 상태이므로 이해력도 올라갑니다. 무슨 이야기인지를 이해하며 읽으니 술술 넘어가요. 책장이 잘 넘어간다는 것을 인식하면 신이 납니다. 이것을 경험한 아이는 속독을 할 수 있게 됩니다.

속독이 좋은 것인지에 대해서는 논쟁이 있습니다. 속독이 유행하던 시절이 있었고, 심지어 속독 학원도 있더군요. 물론 무조건 빨리 읽어야 하는 건 아닙니다. 특히 제대로 이해도 하지 못하면서 빨리 읽기만 하면 아무 의미가 없지요. 그저 빨리 읽었다는 것만으로 다 읽었다고 생각하는 것도 문제가 있습니다. 하지만 빨리 읽을 수 있는 능력은 분명히 의미가 있습니다. 빨리 읽으면 한정된 시간에 더 많은 책을 읽을 수 있지요. 더 많은 정보를 얻고 더 많은 생각을 할 수 있습니다. 더 많이 배우고 성장할 수 있지요. 현실적으로는 학습 속도도 빨라지게 됩니다. 남들보다 빨리, 쉽게 공부할 수 있어요. 특히 고등학생이 되어서 처음 보는 긴 수능 지문을 빨리 읽을 수 있다면 확실히 유리할 수밖에 없습니다.

빨리 읽으려면 훈련이 필요합니다. 그런데 이 훈련은 학원을 통해 의식적으로 하는 것이 아니에요. 속독은 앞에서 살펴본 바와 같이 초등 중학년 읽기 언덕을 넘으면서 자기도 모르게 연습하게 됩니다. 글밥이 많은 책을 자연스럽게 읽게 되면서 몰입을 경험하면 저절로 읽는 속도는 빨라지지요. 초등 저학년 때는 글자를 하나하나 짚어가며 읽습니다. 소리 내어 읽는 연습을 하기도 하고 눈으로 읽으면서 마음 속으로 따라 읽기도 해요. 그러다가 점차 단어, 어구를 통으로 읽을 수 있게 됩니다. 이제 글밥이 많은 책을 읽는 중학년이 되면 의미 단위로 묶어서 읽을 수 있게 되지요. 무의식적으로 눈동자를 움직이면서 속도를 냅니다. 눈으로 단어의 묶음을 한꺼번에 본 순간 의미를 파악하면서 다음으로 넘어가는 겁니다. 이 시기에 속독에 자신이 붙으면 아이는 두꺼운 책에 도전하는 것을 두려워하지 않지요. 읽는 속도가 빨라졌다는 것을 느끼면 자신감을 느낍니다.

책에 따라 읽는 속도 조절하기

빨리 읽을 수 있다는 것은 모든 책을 빨리 읽는다는 것과는 다릅니다. 빨리 읽을 수 있으면 필요에 따라 읽는 속도를 조절할 수 있습니다. 모든 책을 빨리 읽어서는 안 됩니다. 책의 종류와 책을 읽는 목적에 따라 읽는 속도는 달라집니다. 예를 들면 전문적인 지식 습득을 목적으로 책을 읽을 때는 천천히 꼼꼼히 읽어야 합니다. 때로는 밑줄을 치거나 메모를 하며 읽어야 할 때도 있지요. 깊은 사고를 필요로 하는 철학책을 읽을 때는 한 페이지를 넘어가기 힘들 때도 있습니다. 거듭 반복해 읽으면서 생각을 해야 할 수도 있으니까요. 시를 읽을 때는 단어 하나하나를 곱씹어 가며 은율을 느껴가며 읽기도 합니다. 휘몰아치는 소설을 읽다가도 아름다운 문장 앞에서 잠시 멈춰 서 필사를 하며 읽을 수도 있습니다. 책은 읽어 치우는 것이 아닙니다. 그때그때 읽는 속도를 자신의 필요에 따라 조절할 수 있어야 합니다.

초등 중학년 아이가 꾸준히 책을 읽고 있는데도 혹시 속도가 늘지 않는다고 느껴지면 걱정하실 일이 아닙니다. 사람마다 속도는 다 다르고 빨리 읽는 것만이 좋은 것은 아니니까요. 이 시기에 꾸준히 책을 읽고 있다면 결국은 필요한 만큼의 속도가 나오게 되어 있습니다. 고학년이 되어서 더 빨라질 수도 있고요. 지금은 속도에 대한 걱정은 하지 않아도 충분히 괜찮습니다.

반면 아이가 책을 빨리 읽기 시작하면 대견하기도 하지만 내용을 이해하고 읽고 있는 건지 의심과 걱정이 들기도 합니다. 성격이 급해서 빨리 읽는 아이도 있으니까요. 부모님의 읽어 주기는 이때도 도움이 됩니다. 아이가 잘 읽는 책도 가끔은 소리 내서 읽어 주세요. 아이 스스로 읽기 속도를 조절하고 자신의 이해도를 점검할 수 있게 됩니다. 또 자연스럽게 읽은 내용에 대해 대화를 나누어 보는 것도 좋습니다. 내용에 대해 질문을 하시거나 주인공의 행동에 대해 어떻게 생각하는지, 만약 나라면 어떻게 행동할지 등 내용을 정확히 파악하고 있는지를 확인할 수 있는 질문을 던져 보세요. 다만 이러한 질문이 테스트처럼 느껴지면 아이가 부담을 느낄 수 있으니까요, 부모님이 정말 궁금해서 질문하는 것처럼 물어보거나, 책을 화제로 수다를 떤다는 느낌으로 이야기를 나누면 좋습니다. 만약 내용을 이해하지 못한다고 판단이 되면 더 천천히 읽도록 권하고, 소리 내서 읽어 주는 양을 늘려 주세요. 어떤 경우에도 빨리 읽어야 한다는 부담을 아이에게 주는 건 좋지 않습니다. 결국 꾸준히 읽는 아이는 적당한 속도를 찾아가게 되어 있으니까요.

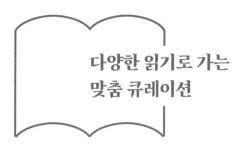

다양한 읽기로 가는
맞춤 큐레이션

몰입하는 읽기가 가능해진 초등 중학년은 다양한 책을 접하기 시작하는 단계입니다. 또는 자신만의 개성 있는 읽기를 발전시켜 나가기도 하지요. 여전히 책은 재미있는 것이어야 합니다. 이제는 배움의 수준이 높아지고 관심사도 넓어지는 만큼 다양한 분야의 책을 읽기 시작할 때입니다. 학교에서 배우는 내용을 독서를 통해 심화할 수도 있지요. 좋아하는 주제와 관련한 책을 찾아보는 것도 좋은 방법입니다. 다음에서 초등 중학년에 읽기 적당한 책의 종류를 나열해 보도록 하겠습니다. 단이 시기에 이러한 책들을 필수로 읽어야 한다는 의미는 전혀 아닙니다. 아이의 성향에 따라 참고만 하면 됩니다. 책 읽기는 미션이나 진도가 아닌 재미를 위한 것임을 잊지 말아 주세요. 저의 큐레이션이 부담이나 숙제가 되지 않기를 바랍니다.

① 창작 소설

아이들은 생활 밀착형 창작 소설류를 즐겁게 읽습니다. 초등 중학년 까지는 이야기책 중심으로 글밥을 늘려나가는 것이 좋습니다. 누구나 재미있는 이야기를 좋아하지요. 특히 아이와 비슷한 또래가 주인공으로 등장하는 소설을 읽으면 공감 능력을 키우는 데 큰 도움이 됩니다. 자기 자신을 돌아보기도 하고, 위로를 받거나 반성을 하기도 합니다. 또한 부모님과의 관계, 선생님과의 관계, 친구와의 관계를 소재로 한 이야기를 읽으면서 사회적 관계에 대한 이해를 높이고 타인을 이해하는 힘을 기를 수 있습니다. 초등 중학년 시기에 다양한 소설을 읽는 것은 사회성과 정서 지능을 높이는 데 큰 도움이 됩니다.

② 역사책

다양한 역사책을 읽기 시작하면 좋습니다. 제 큰아이는 어릴 때부터 '이야기'보다는 '사실'에 관심이 많았습니다. 꾸며낸 픽션에 큰 공감을 하지 못하는 것처럼 보였습니다. 그래서 이야기책을 생각보다 좋아하지 않았는데, 역사책을 읽기 시작하더니 재미있어 하더라고요. 역사책은 사실을 기반으로 한 재미있는 스토리로 이루어져 있기 때문인 것 같습니다.

역사책을 읽기 시작할 때는 신화와 역사의 중간 단계인《삼국유사》

나 《삼국사기》를 소재로 한 책부터 읽을 것을 추천합니다. 신기하고 재미있는 이야기가 가득하거든요. 역사를 재미있게 시작하는 좋은 방법입니다. 《삼국유사》나 《삼국사기》를 전집 형태로 엮은 것도 좋습니다. 이런 책은 초등 저학년도 재미있게 잘 읽을 수 있습니다. 저는 한국사를 얇은 전집으로 구해 주었는데, 저의 아이들은 역사책을 좋아해서 부담 갖지 않고 여러 번 잘 읽었습니다. 전집보다는 다양한 책으로 접하는 것이 더 좋습니다. 역사책을 좋아한다면 역사 만화 등 다양한 책을 찾아 읽는 것도 괜찮습니다. 좋아하는 인물이 생긴다거나, 여행지에서 유적을 보고 자신의 지식을 꺼내어 볼 때 아이들은 배움의 기쁨을 알게 됩니다.

③ 신화 읽기

다양한 신화를 읽어 두면 좋습니다. 신화는 인문학의 뿌리입니다. 특히 《그리스 로마 신화》와 《성경》 이야기는 서양 문명의 토대가 되는 중요한 분야입니다. 하지만 여기서는 목적이나 중요성 등은 다 빼고 생각해도 좋습니다. 신화는 신비롭고 재미있지요. 스토리도 기발하고 내용도 다양합니다. 온갖 상상력을 자극하기 때문에 창의성을 높이고 영감의 원천이 됩니다. 우리나라 신화는 《삼국유사》 등으로 읽으면 되니 서양의 《그리스 로마 신화》를 다양하게 읽으면 좋습니다. 신화를 좋아한다면 북유럽 신화를 쉽게 다룬 책도 추천합니다. 마블 시리즈를 좋아하는 아이들은 분명 색다른 즐거움을 느낄 겁니다.

④ 위인전

초등 중학년부터 읽으면 좋은 고전 책은 위인전입니다. 위인전은 전통적으로 전집으로 구비하고 읽히는 경우가 많았는데요, 요즘은 위인전을 읽는 아이들이 많지 않은 것 같아요. 오히려 만화로 조금 읽더군요. 저의 아이들도 위인전을 좀 읽기는 했지만 좋아하지는 않았습니다. 개인적으로도 위인전이 고루할 수 있다고 생각하는데, 그래서 요즘 아이들의 정서에 잘 맞지 않는 게 아닌가 싶습니다. 여러 이유가 있겠지만 예전 위대한 인물들에 대한 공감이 어려운 것 같아요. 위인이라는 기준이 시대에 따라 다르고 추구하는 가치도 달라지고 있으니까요. 하지만 아이의 관심 분야에 따라 몇 권이라도 읽어 보는 것이 좋다고 생각합니다. 롤모델을 통해 삶의 태도를 정립하는 것은 이 시기에 중요한 일이니까요. 또 동서양의 다양한 인물들의 이름을 아는 것만으로도 의미가 있습니다. 요즘 학생들은 그 나이에 당연히 알아야 할 인물의 이름조차 모르는 경우가 많거든요.

⑤ 탐정 소설

셜록 홈즈 등의 이야기를 다룬 탐정 소설은 아이들에게 본격적으로 몰입하며 읽는 즐거움을 알려 줍니다. 저도 어린 시절 추리 소설에 푹 빠진 시기가 있었습니다. 아이들은 기본적으로 추리하는 데서 큰 즐거움을 느낍니다. 어려운 문제를 맞히는 것도 재미있지만 생각지도 못한 반전을 접하면 짜릿함을 느끼지요. 셜록 홈즈와 같은 탐정의 놀라운 관찰력과 판단력에 감탄하면서 배우고 싶어 합니다. 일반적으로 고학년이 되면 본격적으로 추리 소설을 잘 읽습니다만, 중학년 시기에도 수준에 맞는 탐정 소설을 읽으면 깊이 생각하면서 추리하는 즐거움을 발견하게 될 것입니다. 특히 독서 속도가 빨라지게 만드는 책 종류 중 하나입니다.

⑥ 고전

고전 명작 중 아이 수준에 맞는 책을 찾아 읽어 보세요. 예를 들면 《삼국지》를 쉽게 축약한 책으로 시작할 수 있습니다. 고전을 요약한 책을 읽는 것에 대해서는 논란이 있지만, 제 경우에는 어린 시절 요약본을 접하는 자체도 즐거운 경험이었습니다. 고전 중에서 줄거리 자체가 재미있는 책이 많으니까요. 유명한 고전의 제목과 간략한 내용을 아는 것도 의미가 있습니다. 특히 《삼국지》는 제가 개인적으로 좋아하는 책이라 저의 아이들도 이 시기부터 읽었는데 재미도 있고 대화거리도 많은 책입니다. 어린이가 읽을 만한 《삼국지》로 만화책이 아닌 것을 찾기 쉽지는 않지만 다섯 권 정도로 엮은 책이 시중에 나와 있습니다. 좋아하는 고전 요약본을 많이 읽으면 다음 단계에서 완역본을 읽는 데 도움이 될 수도 있습니다. (고전 요약본 이야기는 고학년 부분에서 다시 하기로 하겠습니다.)

⑦ 과학책

사실이나 정보를 좋아하는 아이라면 다양한 과학책을 통해 호기심을 채우는 것이 좋습니다. 저의 큰아이가 이런 스타일이라 이야기책을 잘 안 읽는 것을 살짝 걱정한 적도 있습니다만, 지금은 소설을 잘 읽습니다. 읽는 분야가 한쪽으로 치우치는 것을 걱정하지 마시고, 좋아하는 분야를 마음껏 읽게 해 주세요. 초등 중학년이 읽을 만한 과학책은 문장 책보다는 만화책이 훨씬 많이 나와 있습니다. 만화책이 수요가 높기 때문이겠죠. 저는 만화책보다는 과학잡지가 더 나을 것 같다는 생각이 들어서 과학잡지를 중고로 여러 권 구해다 주기도 했습니다. 과학잡지를 넘겨 보면 흥미로운 다양한 주제가 등장하고 사진, 그림, 도표 등을 함께 접할 수 있지요. 서술도 재미있게 되어 있고 풍부한 지식을 얻을 수도 있습니다. 제 아이들은 중고 과학잡지 삼십 권을 여러 번 되풀이해서 즐겁게 보았습니다. 아이들이 무척 유식한 이야기를 유창하게 할 때가 있었는데, 제가 못 알아듣는 과학 이야기라면 대개 출처는 이 잡지였답니다.

맞춤형
독후 활동하기

독후 활동하면 가정 먼저 생각나는 것은 독후감입니다. 아이들은 대개 독후감 쓰는 과제를 싫어하죠. 제가 어렸을 때는 학교에서 독후감을 참 많이 썼습니다. 독후감 쓰기 대회도 많았고 방학 숙제로도 꼭 몇 편씩 은 써야 했습니다. 방학 전날 여러 편을 한꺼번에 쓴 기억도 있네요. 참 귀찮고 싫었습니다. 그런데 그렇게 몇 년 억지로 글을 쓰면서 초등학 교 고학년이 되니까 독후감, 일기 장인이 되더라고요. 물론 매너리즘에 빠진 글을 양산하긴 했지만 나도 모르게 글의 유창성을 키우고 있었습 니다. 요즘 학교에서는 예전처럼 독후감을 긴 글로 쓰게 하지 않더군 요. 일기도 자주 쓰지 않아요. 아이들이 부담스러워하는 과제는 전체적 으로 줄어들었습니다. 엄마로서는 다행스럽기도 하고, 이래도 되나 싶어서 불안하기도 하더라고요. 지금 아이들은 글을 잘 읽지도 않지만 쓸 기회도 별로 없죠. 그런 상태로 중학교에 진학합니다.

개인적으로는 독서에 있어서 독후 활동을 중요하게 생각하는 편은 아닙니다. 책 읽기는 즐거운 일이 되어야 하는데 독후 활동 때문에 부담을 가지게 될까 봐 조심스럽습니다. 그래서 만일 아이가 독후 활동을 싫어한다면 필수로 생각할 필요는 없다고 말씀드리고 싶습니다. 중요한 것은 읽는 행동 그 자체이니까요.

다만 독후 활동을 시작할 수 있다면 가장 적당한 시기는 초등 중학년이라고 생각합니다. 본격적으로 몰입해 책을 읽을 수 있고, 좋아하는 책이 생기고, 다양한 책을 스스로 자연스럽게 읽을 수 있을 때 자신에게 맞는 독후 활동을 하는 게 좋습니다. 독후 활동을 통해 자신의 생각을 정리하고 표현하면서 사고력을 크게 높일 수 있습니다. 막연하게 머릿속에서 맴돌던 생각을 밖으로 꺼내는 연습을 하는 겁니다.

독후 활동의 종류

가장 쉬운 독후 활동은 책을 소재로 부모님과 이야기를 나누는 것입니다. 일명 비공식적 북토크입니다. 아이는 이 대화가 독후 활동이라 생각하지는 않겠지요. 하지만 책을 읽고 자신의 생각을 말하다 보면 막연했던 생각을 정리하게 됩니다. 자신도 몰랐던 자신의 관점을 알아 가게 되지요. 또 대화를 통해 나는 생각하지 못했던 다른 관점을 알게 되기도 하고, 나와 다른 생각이 있다는 것도 알게 됩니다. 부모님이 함께 책을 읽고 대화를 하는 것이 가장 효과적이지만, 설령 읽지 않았다 해도 질문을 통해 아이의 생각을 끌어낼 수도 있습니다. 아이의 답변을 힌트로 계속 꼬리를 무는 질문을 할 수도 있습니다.

- 재미, 감동, 교훈 중 어느 쪽이야?
- 별 다섯 개 중에 몇 개? 오, 별을 네 개나 준 이유는 뭐야?
- 근데 제목이 왜 ○○○일까?
- 왜 표지에 이런 그림을 그렸을까?
- ○○는 결국 행복했을까?
- ○○가 그때 엄마를 찾아가지 않았다면 무슨 일이 생겼을까?
- 만약에 네가 ○○라면 어떻게 했을 것 같아?
- 넌 이 책에 나오는 사람들 중에서 누가 제일 마음에 들어?
- 엄마는 주인공이 ○○할 때 좀 이해가 안 가던데, 넌 어땠어?
- ○○가 친구에게 ○○ 말을 들었을 때 왜 상처 받았을까?
- 마지막 문제를 해결하기 위한 다른 방법이 있을까?
- 결말이 마음에 들어?
- 뒤에 친구들은 어떻게 되었을까?

조금 더 공식적인 독후 활동을 하고 싶다면 이제 기록을 하는 단계로 나아갑니다. 초등학교에서는 해당 학년 수준에 맞는 흥미로운 독후 활동 양식을 개발하여 제공하는 경우가 많습니다. 이것을 과제로 제시하기도 하죠. 이 시기에 굳이 다른 독후 활동을 해야 한다는 부담 없이 학교 숙제만 충실히 해도 좋습니다. 학교에서 제공하는 독후 활동 양식을 보면 간단한 줄거리 요약, 시간 순서대로 정리하기, 만화로 표현하기, 인상 깊었던 내용을 그림으로 표현하기, 자기 생각 쓰기 등 다양합니다. 아이가 좋아하는 표현 방식을 활용하여 책에 대한 자기 생각을 표현하면 됩니다.

나만의 독서 기록을 남기고 싶다면 아이와 방식을 논의하는 게 좋습니다. 중학생이 되면 독서 기록을 생활기록부에 남길 수 있게 되는데요, 책 제목과 지은이만 기록됩니다. 이것은 이 시기에 내가 어떤 책을 읽었는지에 대한 기록으로 나의 정체성을 나타내는 중요한 기록이 될 수 있습니다. 내가 읽은 책은 내 인생의 발자취를 보여주는데요, 자신만의 독서 포트폴리오를 구성할 수 있다면 나중에 사진첩을 넘겨보는 것처럼 나를 돌아볼 수 있겠지요. 다이어리를 꾸미듯 마음에 드는 노트를 구하여 좋아하는 방식으로 꾸미는 것도 좋은 방법입니다. 요즘 아이들에게 익숙한 온라인 포트폴리오를 구성하는 것도 괜찮습니다. 블로그, 인스타그램, 유튜브 영상 등 아이에게 딱 맞는 방식으로 기록을 해나가면 독후 활동에 대한 거부감 없이 자신의 생각을 써 볼 수 있지요. 최근에는 다양한 독서 기록 앱도 있으니 방법은 고르면 됩니다.

독서 기록 내용(★은 추천 정도)

1. 읽은 날짜, 책 이름, 저자 ★★★

2. 기억에 남는 문장

3. 간단한 줄거리 ★

4. 주인공에게 쓰는 편지

5. 만약 나라면

6. 결말 바꿔 써 보기

7. 책을 읽고 느낀 점 ★★

8. 새로 알게 된 점이나 배운 점 ★★★

9. 내가 쓰는 추천사 ★

10. 별점 주기

11. 한 줄 평 쓰기 ★

12. 내가 만드는 책 표지

13. 책 홍보 카피 써 보기

독서 포트폴리오를 만들면 차곡차곡 쌓이는 자신의 독서 기록을 보면서 만족감을 느끼고, 독서에 대한 흥미와 의욕을 키울 수 있습니다. 책을 한번 읽고 넘어가면 읽었다는 사실조차 잊어버리는 경우도 많은데요, 기록을 해 두면 그때 내가 어떤 생각을 했는지, 무엇을 얻었는지 불러올 수 있지요. '친구를 보면 그 사람을 알 수 있다'라는 말이 있습니다. 마찬가지로 그 사람이 읽은 책을 보면 그 사람을 알 수 있습니다. 내가 쌓아온 오랜 역사의 독서 포트폴리오는 나를 소개하는 최고의 자료가 될 것입니다.

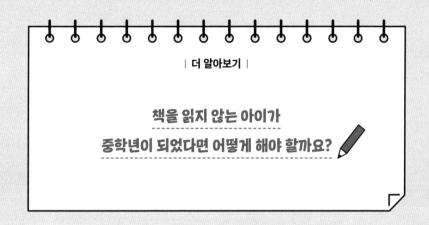

책을 읽지 않는 아이가
중학년이 되었다면 어떻게 해야 할까요?

초등 1, 2학년 때 즐기는 독서를 경험하지 못했거나 긍정적 독서 정서를 갖지 못했다 해도 아직 늦지 않았습니다. 여전히 가장 중요한 것은 아이가 독서에서 재미를 느끼도록 도와주는 것입니다. 이미 책이 재미없는 것으로 굳어져 있다면 더 많은 노력이 필요합니다.

초등 중학년이면 논리적인 설득이 가능합니다. 대신 강요하거나 훈계조로 이야기하면 안 됩니다. 진지하되 부드럽게 충고하거나 설득해 보세요.

"○○야, 엄마는 우리 ○○가 재미있는 책을 만났으면 좋겠어. 힘든 일이 있을 때 책에서 답을 찾고, 우울할 때 책에서 웃음을 찾고, 외로울 때 책에서 친구를 찾고, 속상할 때 책에서 위로를 찾았으면 좋겠어. 책을 많이 읽어서 부자가 되었다는 빌 게이츠도 있고, 일론 머스크도 있는데 그것도 좋지만, 엄마는 우리 ○○가 책을 많이 읽어서 마음 부자가 되었으면 좋겠다. 엄마도 책을 읽고 싶은데 ○○랑 같이 읽으면 더 잘 읽을 수 있을 것 같아. 우리 같이 책을 재미있게 읽어 보자!"

우선 아이가 시간을 보내는 패턴을 파악해 보세요. 어떤 활동에 많은 시간을 쓰는지 체크해 봅니다. 학원 가는 시간이나 숙제 시간이 많다면 한 가지를 과감하게 빼는 결단을 해 보세요. 물론 아이와 의논을 하시면서요. 학원이나 공부가 빠진다면 아이는 독서 시간을 더 진지하게 생각하게 될 거예요. 초등 중학년은 여유 시간이 충분해야 독서에 집중할 수 있습니다.

스마트폰을 가지고 노는 시간이 너무 많다면 아이와 협상을 해야 합니다. 스마트폰을 제한 없이 사용하게 하는 것은 위험합니다. 절제의 필요성에 대해 납득을 시켜 주세요. 그리고 시간을 정해서 아이와 스마트폰을 스스로 분리하도록 시스템을 만들어 주세요.

이제 아이와 독서 시간을 정하는 것이 중요합니다. 그냥 책을 읽으라고 하면 시작하기가 쉽지 않습니다. 책에 재미를 느끼지도 않은 초등학생이 저절로 읽게 되지는 않아요. 구체적인 루틴을 만들어 주어야 합니다. 예를 들어 저의 집처럼 베갯머리 독서를 하기로 정했다고 하겠습니다. 저녁을 먹고 숙제를 한 후 자유시간을 가집니다. 8시 30분이 넘으면 스마트폰을 엄마 방 정해진 곳에 보관합니다. 씻고 잠옷으로 갈아입은 후 환기를 하고 침대에 앉습니다. 9시 전후부터 가장 편안한 자세로 30분 정도 책을 읽습니다. 이렇게 루틴을 일주일 정도 지키면 다음은 어렵지 않습니다. 부모님이 루틴을 함께하면서 같이 책을 읽으면 더 효과적입니다.

무슨 책을 읽을지 고르는 것도 중요합니다. 아이와 함께 서점에 가서 읽고 싶은 책을 고르게 한 후 사 주는 등 책과 관련된 즐거운 이벤트를 열어 주세요. 책은 글밥이 많지 않고 재미있는 책이 좋습니다. 저학년 책도 상관없어요. 무조건 재미있고 흥미로운 책을 읽는 것이 성공의 열쇠입니다.

처음에는 부모님께서 소리 내서 읽어 주는 비율을 높여 주세요. 얇은 책이라면 다 읽어 주어도 상관없습니다. 읽어 주는 방법과 혼자 읽는 방법을 병행하고 책을 주제로 대화를 나누면 좋습니다. 부모님과 함께하는 시간이 따뜻한 독서 정서를 만드는 데 큰 도움이 됩니다.

아이가 읽으려고 노력하는 모습을 보이거나 루틴을 며칠째 잘 지킬 때 잊지 말고 칭찬해 주세요. 읽지 않던 사람이 읽기 시작하는 것은 쉬운 일이 아닙니다. 또 새로운 루틴을 지키고 습관을 만들기도 어려운 일이지요. 이것을 해내는 사람은 무슨 일이든 해낼 수 있는 사람이라는 것을 알게 해 주세요. 스스로 자랑스러워하면서 자신감을 가질 수 있도록, 그리고 부모님께 인정받을 수 있도록 해 주세요. 독서 능력을 키우면서 동시에 자존감을 높이는 좋은 방법이 될 것입니다.

5장

골든타임
단계별 읽기 로드맵 3

―

초등 고학년,
배우는 아이의 책 읽기 수업

필요한 것은 이것이냐 저것이냐 하는 특정한 정보가 아니라
전체의 시각에서 본 인생의 목적에 관한 지식이다. 여기에는
예술, 역사, 영웅적인 사람들의 인생 접하기, 우주 차원에서 볼
때 인간은 한심할 정도로 우연적이고 하루살이 같은 존재에
불과하다는 사실에 대한 이해 등이 포함된다.

– 《게으름에 대한 찬양》, 버트런드 러셀 지음, 사회평론

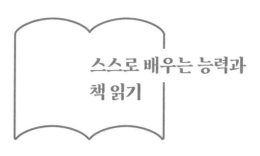

스스로 배우는 능력과 책 읽기

10여 년 전, 중학교 3학년 저희 반에 뛰어난 친구가 있었습니다. 중학교 1, 2학년 때도 제가 가르쳤는데요, 수업 시간에 항상 눈이 빛나고 주변에 아우라가 느껴지던 아이였어요. 몰랐던 것을 알게 되는 기쁨을 아는, 그 순간의 반짝임을 가진 그런 아이였습니다. 평소 독서량이 놀라울 정도였던 것으로 기억합니다. 제가 읽던 책을 그대로 빌려준 적이 있었는데, 며칠 만에 고맙게 잘 읽었다는 인사와 함께 책이 돌아왔어요. 책에는 자신의 생각과 배운 점이 적힌 메모지가 붙어 있었습니다. 저의 교육 인생에서 가장 즐거웠던 경험 중 하나입니다. 그 친구는 저학년 때 사교육을 많이 받던 아이가 아니었는데 영재고 입시를 준비하면서 학원 공부량이 크게 늘었습니다. 공부를 하다가 고민이 생기거나 힘들면 제게 와서 수다를 떨곤 했지요.

"선생님, 학원 진도가 정말 빠르고요, 해야 하는 공부량이 많아졌어요."

"에고, 그래 힘들겠다. 먹는 건 잘 먹는 거야? 피곤해서 어쩌니….'

"저 잘 먹어요. 좀 피곤하긴 한데 그래도 할 만해요."

"선행 많이 하던 애들이랑 같이 공부하는 게 힘들지 않아? 스트레스도 받고 좀 그렇지?"

"그건 괜찮아요. 마음이 힘들거나 하지는 않는데 공부할 시간이 없는 게 좀 힘들어요."

"학원 수업을 그렇게 오래 듣는데 공부할 시간이 없어?"

"음… 그게 아니고요, 학원 수업은 공부가 아니잖아요."

"어?"

"학원에서 수업을 들은 것 자체는, 그건 제 공부가 아니잖아요. 수업을 들었으면 그걸 다시 제 것으로 만들 시간이 필요하거든요. 그런데 요즘은 진도를 계속 빼야 하니까 제 공부 시간을 만들기가 어려워요. 그게 고민이에요."

저는 항상 이 친구가 훌륭하고 똑똑하다고 생각했는데 이 말을 듣는 순간 정말 탁월하고 뛰어난 인재라는 확신을 가지게 되었습니다. 이 중학생은 그때 이미 자기 공부의 주인이었던 겁니다. 누군가에 끌려다니며 공부를 한 게 아니라 주도권을 놓지 않았던 거예요. 그리고 자신의 상황에 대해 정확하게 평가하고 있었고, 그걸 보완할 힘까지 지니고 있었습니다.

그래서 그다음에 어떻게 되었냐고요? 이 친구의 도전은 현재진행형이지만 그래도 궁금하실 수 있어서 언급은 하고 넘어갈게요. 학생은 목표로 하던 영재고에 합격했고 그곳에서 놀라울 정도로 열정적인 고등학교 생활을 했답니다. 그후 원하는 대학에 진학했고, 재학 도중 창업을 해서 지금은 스타트업 회사 대표가 되었습니다. 가끔 이 친구의 모험담을 듣는 것이 제게는 큰 즐거움입니다.

새로운 것을 안다는 즐거움

다소 비현실적으로 훌륭한 학생의 일화를 소개한 것은 '책을 많이 읽은 아이의 미래는 탄탄대로다' 이런 순진한 주장을 하기 위해서는 아닙니다. 책을 읽으면 공부를 잘할 수 있다는 생각은 너무 단순하지요. 공부 잘하려고 책을 읽는 것도 아니고요. 하지만 아이가 자라서 초등 고학년이 되면 이제 읽기는 배움과 연결됩니다. 물론 여전히 책은 즐겁게 읽는 것이 좋습니다. 다만 즐거움의 수준과 영역을 확대할 수 있는 때가 되었다는 것입니다.

새로운 것을 알게 되면 즐겁습니다. 심봉사가 눈을 뜬 것처럼 눈이 번쩍 떠지는 기분이 있어요. 그동안 내가 이걸 몰랐구나! 이게 바로 이런 거였구나. 이것이 배움의 즐거움입니다. 배우는 기회를 얻지 못하셨던 예전 어르신들 이야기를 들어 보면 그렇게 학교에 가고 싶었다고 말씀하시죠. 집안 형편이 어려워서, 여자라서 배울 기회를 얻지 못했다며 한스러워하십니다. 사람은 본능적으로 배움을 즐거워하는 존재라고 생각합니다.

그래서 요즘 아이들이 배우는 기쁨보다 배우는 고통을 먼저 느끼는 것이 안타깝습니다. 물론 배우는 과정에서 고통이 수반되는 건 당연합니다. 노력하고 인내하며 애를 써야만 알 수 있는 것도 있으니까요. 하지만 힘들고 어려운 순간조차도 성장하는 기쁨의 트로피가 되어야 합니다. 아이들은 배움을 경험하면서 깨닫고 알게 되는 순간의 희열을 느낄 수 있어야 하지요.

배우는 즐거움을 모르는 아이들

"배우고 때때로 그것을 익히면 또한 기쁘지 않은가?"

　(子曰 學而時習之, 不亦說乎)

- 공자, 《논어》 학이편

논어의 첫 문장입니다. 논어는 배움과 성장에 관한 책입니다. 그리고 그 첫 문장이 기쁨으로 시작한다는 것은 의미심장합니다. 배워서 좋은 점이 얼마나 많겠어요? 좋은 대학에 갈 수 있고, 사회적으로 성공하고 안정된 지위를 누릴 수 있지요. 또는 삶의 지혜를 얻고 인간다운 훌륭한 삶을 살 수 있고요. 공자님은 이런 좋은 점들을 다 미뤄 두고 첫 마디를 던지신 겁니다. "즐겁잖아?"

제가 수업 시간에 좋아하는 학생 스타일이 있습니다. 어떤 학생을 높이 평가할 때 주변 선생님이 이유를 물으시면 이렇게 대답합니다.

"○○는 재미있는 걸 재미있어 할 줄 알아요!"

선생님들은 이 불친절한 답변을 바로 이해하십니다. 다들 그 아이에게서 비슷한 느낌을 받으신 거죠. 배움을 즐거워하는 아이, 몰랐던 것을 깨닫는 희열을 느낄 줄 아는 아이, 호기심과 기대감에 눈이 빛나는 아이. 그런데 안타깝게도 그런 아이들이 점차 줄고 있습니다.

이유가 무엇일까요? 요즘 세상은 아이들이 빨리 배우고 빨리 발전하기를 바라죠. 교육의 트렌드가 속도전입니다. 아이가 무엇인가를 궁금해하기 전에 외부로부터 지식이 들어와 주입됩니다. 받아들이고 소화하기 전에 새로운 지식이 자꾸 들어와요. 소화가 잘 되지 않으니 배가 아프고 그만 먹고 싶은데 자꾸만 더 먹으라고 하니 고통스럽습니다. 맛을 느끼고 즐기기 어려울 수밖에 없습니다.

지식이 아이의 성장에 도움이 되려면 다양하고 영양가 있는 지식을 골고루, 맛을 느끼면서 꼭꼭 씹어 먹어야 합니다. 소화가 잘되면 지식은 아이의 피와 살이 되겠지요. 이렇게 지식을 스스로 잘 먹으면 먹는 행위 자체가 즐겁습니다. 좋은 맛, 다양한 맛을 느낄 수 있으니까요.

초등 고학년은 본격적으로 배움의 즐거움을 느끼는 시기여야 합니다. 이제 학습의 양이 많아지고 질이 높아집니다. 공부의 체계를 맛보고 호기심을 가져야 합니다. 그래서 고학년의 읽기는 '배우는' 읽기가 됩니다. 저학년의 '즐기는' 읽기는 여전히 유효하지만, '즐긴다'는 의미가 더 깊고 넓은 의미의 기쁨으로 확장되는 것입니다. 배우는 읽기는 자연스럽게 학습에도 긍정적 영향을 주게 됩니다. 배움의 본질은 같으니까요. 하지만 여전히 독서는 공부가 아니어야 합니다. 이제 아이는 공부가 잘 안 될 때, 공부를 하기 싫을 때 독서로 스트레스를 풀 수도 있게 됩니다.

다시 논어의 첫 문장을 보겠습니다. '학이시습學而時習'에서 공자님은 '학學'하고 때에 맞추어時 '습習'하면 기쁘다고 하셨지요. 두 글자를 합하면 '학습'이 됩니다. 다시 나누어 보면 '학'이 먼저고 그 다음 계속 '습'해야 한다는 겁니다. 모르는 것을 배우고學, 수시로 그것을 익히고 되풀이하며 연습해서 숙달하는 것習이 학습이지요. '학'과 '습'을 균형 있게 해내야 제대로 배울 수 있습니다. 그런데 요즘 아이들의 학습은 '학'에서 멈추고 있어요. 수업을 듣기는 하는데, 그것을 자기 힘으로 익히고 연습하지 못합니다. 그리고 본인이 다 안다고 생각해요. '학'을 많이 하니 공부를 많이 하는 것 같은데 성장하지는 않습니다. 왜 공부를 많이 하는데 결과가 나오지 않을까요. '학습'에서 '습'이 빠져 있기 때문입니다.

처음 저의 반짝이던 제자 이야기로 돌아가 보겠습니다. 제가 놀랐던 건 이 학생이 학습의 본질을 정확히 꿰뚫고 있었기 때문입니다. 아무리 학원 수업을 많이 듣고 진도를 빨리 나가도 그것만으로는 제대로 된 학습을 할 수 없다는 것을 느낀 거지요. 배운 것을 자기 스스로 익히고 내 것으로 만드는 과정이 반드시 필요하다는 것을 인지하고, 그렇게 하기 위해 애썼다는 겁니다. 정말 대단하지 않습니까? 이런 아이의 성장 속도를 어떻게 따라가겠어요.

학습을 보완하는 고학년의 책 읽기

현실적으로 선행 학습이 무조건 나쁘다거나 사교육을 받으면 안 된다고 주장할 수는 없습니다. 아이에 맞게 효율적으로 적절히 활용해야 하는 부분이지요. 학습에서 '습'이 빠지게 된 것은 초등학교에서 공식적인 시험을 보지 않는다는 것과도 관계가 있을 것입니다. 지금은 중학교 1학년까지도 공식적인 지필 고사가 없어요. 시험을 보지 않기 때문에 아이들은 시험공부를 해볼 기회가 없습니다. 배운 내용을 스스로 정리하고 복습하고 외우면서 자기 머릿속에 넣는 경험 자체를 해 본 적이 없는 겁니다. '습'을 쉽게 부르는 말이 바로 '자습'입니다. 요즘은 고등학생들도 자습을 못한다는 말을 종종 듣습니다. 자습을 하지 못한다는 것은 공부를 할 수 없다는 것과 같습니다.

이때 '학습'을 보완해 줄 수 있는 것이 초등 고학년의 배우는 읽기입니다. 자습의 본질은 주체성입니다. 즐기는 읽기를 해 온 아이는 자신의 선택과 결정에 의해 책을 읽습니다. 좋아하는 책을 고르고 원하는 만큼 읽습니다. 잘 읽는 고학년 아이는 자신의 배경지식을 활용하고 책의 내용을 이해하면서 새로운 사고의 체계를 건설합니다. 전보다 뼈대를 더 크게 짓고 세부 사항을 파악하며 살을 붙여 나갑니다. 주체적으로 책을 읽으며 새로운 것을 알게 되는 아이는 스스로 주인이 되어 공부하는 방법을 알게 됩니다. 초등학교 고학년 시기는 읽기에서 천금과도 같은 배움의 시간입니다. 배우는 읽기를 하는 아이는 평생 책을 통해 배우고 성장하는 읽는 사람이 될 것입니다.

생각하는
읽기

"배우기만 하고 생각하지 않으면 막연하여 얻는 것이 없고, 생각만 하고 배우지 않으면 위태롭다."(子曰 學而不思則罔, 思而不學則殆)

– 공자, 《논어》 위정편

이 문장은 《논어》에 나오는 제가 좋아하는 문장 중 하나입니다. 이 문장을 읽고 무릎을 쳤습니다. 학문의 본질, 독서의 방법을 한 문장으로 말한다면, 바로 이 문장이라고 생각합니다. 이번엔 습習 대신 사思가 나왔습니다. 스스로 생각하는 읽기입니다.

다시 읽어 볼까요? "배우기만 하고 생각하지 않으면 막연하여 얻는 것이 없다" 책을 읽으며 새로운 것을 알게 되지만 그 의미를 생각해 보고, 자신에게 적용해 본 후 나만의 세계관으로 포섭하지 않는다면 그 지식은 막연한 남의 지식일 뿐 실제로 나는 얻는 것이 없습니다. "생각만 하고 배우지 않으면 위태롭다" 자기 머릿속의 공상에만 빠져 있을 뿐 세상에 축적된 지식과 사회의 시스템을 배우지 않으면 허공에 둥둥 떠 있는 듯 허상에 불과합니다. 즉 읽기를 통해 세상의 지식과 이치를 배우고 그에 대해 주체적으로 생각할 수 있어야 한다는 것입니다. 독후 활동을 할 때 필수 항목이 있지요? 느낀 점 쓰기입니다. 느낀 점은 '참 재미있었다'가 아닙니다. 독서를 한다는 것은 책과 내가 대화함을 뜻합니다. 읽는 내가 없다면 책은 아무 의미가 없습니다. 똑같은 책을 읽어도 누가 읽느냐에 따라 완전히 다른 독서가 됩니다. 그렇기에 한 권의 책은 수백만 가지의 모습을 가지는 것입니다. 나와 만난 이 책은 어떤 모습인가, 나에게 이 책이 어떤 의미를 지니는가. 이것이 느낀 점입니다. **가장 중요한 것은 내가 무엇을 알게 되었는가, 무엇을 배웠는가, 이 책이 나의 성장에 어떤 영향을 미쳤는가입니다.** 공자님의 말씀을 거꾸로 읽어 보면 '배우고 생각하면 무엇인가를 얻게 됩니다'. 생각하면서 읽으며 얻은 것, 이것이 배움이고 성장입니다.

물론 모든 책에서 무엇인가를 새로 배우고 얻고 성장하는 것은 아니겠지요. 또 남들이 다 인정하는 좋은 책이나 어려운 책을 읽을 때만 배움이 일어나는 것도 아닙니다. 자신에 대해 끊임없이 돌아보고 생각을 멈추지 않으면 자연스럽게 생각하는 읽기를 하게 됩니다. 그리고 읽는 도중 종종 배움과 깨달음의 순간을 만나게 됩니다. 이때 책이야말로 그 누구의 것도 아닌 나만의 인생책이 되는 것이지요.

주체적으로 읽기 시작하는 고학년

초등 고학년 시기에는 전전두엽이 빠르게 발달하면서 추상적 사고력, 비판적 사고력 등의 고차 사고력이 발달하기 시작합니다. 특히 최근 주목받는 메타인지 능력은 대표적인 고차 사고력입니다. 자신의 생각과 행동을 스스로 돌아보고, 객관적으로 평가하는 능력이 뛰어난 학생이 우수하다는 것은 널리 알려진 사실입니다. 따라서 이 시기에는 주체적으로 생각하는 읽기가 가능해집니다. 막연하게 저자의 이야기만 따라다니는 것이 아니라 책과 나의 능동적 대화가 이루어지는 읽기 수준입니다. 생각하면서 읽게 되면 읽기 능력이 빠르게 높아지고 사고력이 놀랄 만큼 발달합니다. 지금까지 쌓아온 초등 저학년, 중학년의 읽기가 폭발적으로 효과를 보이는 시기가 초등 고학년이 될 수 있습니다. 더나아가 자신만의 가치관을 만들고 정체성을 형성해 나가는 등 자신만의 아름다운 밑그림을 그리는 값진 시기가 됩니다.

읽는 아이를 위한 마지막 골든타임: 세 번째 언덕 넘기

자, 여기까지 오시느라 고생이 많으셨습니다. 이제 대망의 마지막 언덕을 넘으면 아이는 자연스럽게 책을 가까이하는 삶을 선물로 받게 될 것입니다. 초등 고학년에 책을 즐겨 읽는 아이는 이제 교실에서 손에 꼽기 어려울 정도가 됩니다. 초등학교 고학년 아이들에게 언제까지 책을 읽었냐고 물으면 아마 저학년 어린이 책이나 학습 만화 정도를 이야기할 겁니다. 초등 고학년에 맞는 수준의 책을 그에 맞는 방식으로 읽고 있는 아이는 흔하지 않죠. 초등 고학년에 맞게 읽고 있는 아이라면, 이제 독서에 대해서는 걱정할 필요가 없습니다. 중학교, 고등학교를 거쳐 어른이 되어서까지 삶 속에서 책과 함께하게 될 겁니다. 그래서 초등 고학년은 읽는 아이의 마지막 골든타임이 됩니다.

초등 중학년의 두 번째 언덕을 무사히 넘었다면, 세 번째 언덕은 그 연장선일 뿐입니다. 읽는 양과 질의 수준이 한층 높아지는데, 이미 한 번 그 수준을 넘어 본 성공 경험과 긍정적인 독서 정서를 가지고 있다면 어렵지 않게 마지막 언덕을 넘을 수 있을 것입니다. 스스로 깊이 있는 독서에 도전하고 새로운 장르의 책을 두려움 없이 펼치면서 자신감을 높여갑니다.

초등 고학년을 둔 부모의 어려움

초등 고학년은 오히려 부모에게 넘기 힘든 고비로 느껴집니다. 초등 고학년이 되고, 앞으로 아이가 성장하면 할수록 부모의 영향력은 줄어들 수밖에 없습니다. 어릴 때는 부모님이 시키는 대로 잘 따라가던 아이도 고학년이 되면 말을 듣지 않지요. 너무나 당연합니다. 아이가 성장하면서 자기 생각이 생겼기 때문이지요. 아이가 변하면 부모는 당황합니다. 그러나 힘들고 답답해도 아이를 대견하게 여겨야 합니다. 방식이 어떻든 이제 아이가 부모님의 품을 벗어나려 할 만큼 성숙하고 있다는 증거니까요. 먼저 아이는 무엇을 하든 자신의 논리에 맞게 납득하고 싶어 합니다. 무조건 시키는 대로 하려고 하지 않아요. 하지만 아직 아이의 생각과 논리가 완전히 성숙하지 않은 만큼 부모님과 충돌이 벌어지기도 합니다. 말도 안 되는 이야기를 하기도 하고, 우기기도 하죠. 성장 속도가 빠른 요즘 아이들의 특성상 초등 고학년이면 사춘기가 찾아오기도 합니다.

부모님 입장에서는 공부도 시키고, 숙제도 시켜야 하는데 책까지 읽으라고 하기가 어렵습니다. 읽으라고 말해도 아이들이 읽는 것도 아니고요. 초등 고학년은 부모 마음 같지 않습니다. (죄송하지만 앞으로 계속 그래요.) 아이가 부모로부터 독립을 시작하기에 내 마음과 같을 수는 없는 나와는 다른 존재라는 것을 받아들이고, 마음을 비우고 시작해야 합니다. 아이가 클수록 편하고 쉽게 다가가야 합니다. 아이가 큰 만큼 이제 역할의 추가 부모로부터 아이 쪽으로 기울어질 수밖에 없지요. 그것을 받아들이고 아이를 믿고 존중하면 됩니다.

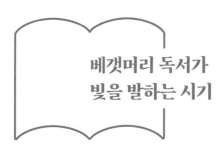

베갯머리 독서가
빛을 발하는 시기

왜 책을 읽지 않느냐고 물어보면 대부분 읽을 시간이 없다고 하지요. 이 말은 맞기도 하고, 틀리기도 합니다. 실제로 고학년이 되면 아이들이 바빠요. 해야 할 공부도 많고 과제도 많습니다. 놀거리도 많고, 봐야 할 것도 많고, 친구들과 함께 보내야 하는 시간도 필요하죠. 다른 한편으로는 책에 관심이 없기 때문에 시간이 없는 것이기도 합니다. 독서 시간을 후순위로 밀어 버렸기 때문에 읽을 시간이 없는 거죠. 이건 어른들도 마찬가지입니다.

꾸준함의 바탕은 루틴

꾸준히 독서를 하려면 반드시 루틴을 만들어야 합니다. 우리가 공부며 일이며 항상 좋아서, 필요하다고 생각해서 하는 것은 아니죠. 대개 루틴에 따라 합니다. 정해진 시간에 회사에 가고 정해진 시간에 맞춰서 일을 하죠. 아이들은 시간표에 맞추어 공부합니다. 그렇게 당연히 해야 하는 일, 필요한 일을 하면서 살아가죠. 독서가 익숙하지 않다면 아무리 사소하더라도 먼저 루틴으로 만들어 주어야 합니다.

앞서 저는 베갯머리 독서 시간을 제안했습니다만 꼭 그래야 하는 것은 아닙니다. 독서 루틴은 자신의 생활 패턴과 성향에 잘 맞게 만들면 됩니다. 아침에 일찍 일어나는 얼리버드 스타일이라면 아침 독서가 더 잘 맞을 것입니다. 식사 후 간식타임을 독서와 함께해도 좋습니다. 엄청난 독서가로 알려진 영화 평론가 이동진 님은 욕조에서 책을 읽는다고 하더라고요. 온몸을 욕조에 담그고, 몇 시간이고 책을 읽은 후 나오면 온몸이 퉁퉁 불어 있다고 합니다. 10분부터 시작해도 좋아요. 루틴이 익숙해지고 책과 가까워지면 독서 시간은 늘기도 하고 줄기도 할 것입니다. 그래도 괜찮습니다. 계속 읽고 있다는 것이 중요하니까요.

일반적으로 학생들은 아침잠이 많고 낮 동안 정해진 일정이 촘촘한 경우가 많습니다. 그래서 자기 전에 여유 있는 시간을 따로 할애해 책을 읽는 독서 루틴을 제안합니다. 베갯머리 독서를 생활화하면 독서가 휴식이 됩니다. 자기 전 책의 세계에 잠시 빠지는 여유는 편안한 즐거움을 줍니다.

어린 시절부터 지금까지 해 온 독서 루틴과 베갯머리 독서는 바로 지금을 위한 것이었습니다. 초등 저학년부터 꾸준히 베갯머리 독서를 해 왔다면 고학년의 언덕은 미끄러지듯 쉽게 넘어가게 됩니다. 부모로서 지금껏 쌓아온 루틴을 계속 유지할 수 있도록 따뜻하게 지켜봐 주기만 하면 되지요. 단 고학년이 되면 베갯머리 독서를 하기 힘든 다양한 상황이 나타날 수 있습니다. 학원 숙제가 많아 늦게까지 해야 할 때도 있고, 친구들과 카톡이 너무 길어지는 날도 있습니다. 책을 읽을 수 없는 이유는 백만 가지거든요.

아이가 책 읽는 것을 의무로 느끼지 않도록 루틴을 너무 강요하지는 말아야 합니다. 어느 정도 유연하게 운영하면서 아이와 합의해 수정하거나 특별한 사정은 용인해도 괜찮습니다. 하지만 항상 루틴이 뒤로 밀려 버린다면 읽는 루틴이 무너지거나 사라지는 것은 시간문제입니다. 독서 루틴을 지키는 방식에서 균형을 잡는 것이 중요합니다. 공부량이 너무 많거나 학원 숙제가 많아 베갯머리 독서가 어려울 정도라면, 숙제량을 줄여야 한다는 게 제 생각입니다. 최소한 중학교 1학년까지는 공부보다 베갯머리 독서 루틴을 우선시해야 그나마 아이들이 독서를 놓지 않을 수 있습니다.

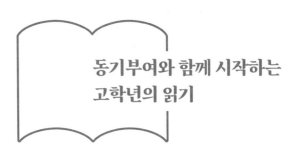

동기부여와 함께 시작하는 고학년의 읽기

초등 저학년이나 중학년 시기에 독서 루틴이 잡혀 있지 않았다면 고학년 아이에게는 어떻게 독서 루틴을 만들어 줄 수 있을까요? 고학년 아이는 대부분 저학년 때와 비교해 부모님의 말씀을 곧이곧대로 듣지는 않습니다. 책을 읽으라는 말을 그저 잔소리로 듣기도 합니다. 공부량이 많아지는 만큼 독서가 그 위에 더해지는 부담으로 느껴질 수도 있습니다.

책 읽기의 중요함을 다시 깨닫기

첫째로 중요한 것은 동기부여입니다. 아이 인생에서 책 읽기가 왜 중요한지 진지한 대화를 나누어 주세요. 이 대화의 효과를 극대화하기 위해서는 평소 부모님이 책을 읽는 모습을 보여 주는 것이 좋습니다. 꾸준히 책을 읽어 온 부모님이라면 책에 대해 아이와 대화하는 것이 어렵지 않겠지요. 만약 그렇지 않은 부모님이라 해도 최근에 갑자기 책을 진지하게 읽는 모습을 보여 주면 아이가 신기한 눈으로 부모님을 관찰하고 있을 겁니다. 부모님이 책을 통해 배운 점, 책을 읽어 보니 좋았던 경험으로 대화를 시작합니다. 이렇게 되면 부모님의 한마디 한마디에 무게가 실리게 되겠지요. 고학년 아이는 먼저 대화를 통한 동기부여와 설득의 과정이 필요합니다. 물론 동기부여가 성공적이어서 아이에게 감동을 줄 수 있다면 가장 좋겠지만 그렇지 않아도 괜찮습니다. 진지한 부모님의 태도와 아이를 존중하는 모습 자체가 아이를 설득하게 될 테니까요.

지우: 엄마, 뭐 봐요?

엄마: 엄마는 요새 《물고기는 존재하지 않는다》는 책을 읽고 있는데 이거 너무 재밌다.

지우: 제목이 재미있는데요? 무슨 뜻이에요?

엄마: 아, 이건 근데 스포일러가 될 수 있어서 말해줄 수 없어. 우리가 평소 물고기라고 생각했던 것들이 물고기가 아닐 수도 있다는 정도만 말해줄게. 우리 지우는 요새 무슨 책을 읽어?

지우: 저는 요즘 책 안 읽어요. 아, 학교에서 읽은 책은 있어요.

엄마: 아, 그렇구나. 이제 지우가 바빠서 예전처럼 책 읽을 시간이 많이

없나 보네.

지우: 그도 그렇지만 별로 읽고 싶지도 않고 재미도 없어요.

엄마: 그럴 수도 있지. 재미있는 책을 만나지 못했을 수도 있고. 엄마도 안 읽다가도 이렇게 재미있는 책을 만나면 푹 빠지거든.

지우: 책을 읽는 게 재미있어요?

엄마: 책은 계속 읽지 않게 되면 재미가 없어지더라. 그래서 잘 안 읽어지더라고. 그러다 마음먹고 다시 책을 잡으면 계속 읽게 돼. 좀 신기해.

지우: 근데 책을 꼭 읽어야 해요?

엄마: 다른 건 몰라도 엄마는 우리 지우가 조금씩이라도 책을 읽는 사람이 되었으면 좋겠어. 음, 이 세상에 대단한 사람들이 평생 어렵게 알아낸 지식이나 지혜를 이렇게 쉽게 공짜로 받아먹는 게 미안할 정도로 좋은 일이잖아.

지우: 음 그건 그렇네요. 그래도 유튜브로 보는 게 더 편해요.

엄마: 그래, 유튜브에도 좋은 정보가 정말 많더라. 근데 책을 읽을 때 느끼는 감동하고는 좀 다른 것 같아. 그리고 하나 더 있어. 엄마는 우리 지우가 앞으로 공부를 하거나 하고 싶은 일을 할 때 좀 더 쉽게 했으면 좋겠어. 너무 고생하지 않았으면 좋겠거든. 책을 읽으면 우리 두뇌에 꼭 필요한 자극을 줘서 머리가 좋아진다는 장점도 있어. 운동을 해서 근육을 발달시키는 것처럼 책을 읽으면서 우리 뇌를 발달시키는 거지. 취미로 재미있게 읽다 보면 똑똑해지고 머리가 좋아지니 이득이잖아.

지우: 음, 그럼 엄마 좀 재미있는 책을 찾아서 읽기 시작해야겠어요.

엄마: 우리 지우가 좋아할 만한 책을 같이 골라 볼까? 우리 자기 전 15분 같이 읽으면 어때?

지우: 15분이요? 그 정도는 문제없죠. 재미있으면 한참 더 읽을 걸요. 어렸을 때도 그보다는 더 읽었어요.

엄마: 아, 그랬나? 그럼 재미없는 날은 15분만 읽지 뭐.

지우: 좋아요! 책 사러 갔다가 오면서 떡볶이 먹어요!

동기부여의 다음 단계는 행동

동기부여 단계를 지났다면 실제로 독서를 시작할 수 있도록 도와주어야 합니다. 무엇인가를 할 마음이 생겼다고 해도 행동으로 옮기는 것이 쉬운 일은 아니죠. 공부도 마찬가지예요. 공부해야 한다는 것을 잘 알고, 열심히 하고 싶은데 어떻게 해야 할지 모르거나 몸이 잘 안 따라주는 경우가 더 많습니다. 이럴 때 단순히 의지가 부족하다고 야단치시는 것보다는 구체적인 방법을 함께 찾아보고 도와주세요. 아이의 스케줄을 고려해서 함께 독서 루틴을 만들어 주세요. 어느 정도 일과가 끝나는 여유 있는 시간을 정하면 됩니다. 베갯머리 독서를 한다면 몇 시부터 가능한지 정하면 됩니다. 처음에는 10분부터 시작해도 괜찮습니다. 타이머를 맞춰 놓고 시작해도 좋지요. 이때 루틴을 부모님이 함께해 주시면 아이에게 큰 응원이 될 거예요. 조금씩 시간을 늘려도 좋지만 책을 읽다 보면 나도 모르게 더 읽고 싶어지는 경험을 하게 됩니다. 그러면 이제 아이가 원하는 대로 읽으면 되겠지요. 피곤해한다거나 읽고 싶어 하지 않는 날은 부모님이 읽어 주는 것도 좋은 방법입니다. 무슨 고학년까지 책을 읽어 주냐고 생각하실지 모르지만 아이가 크면서 계속 책을 읽어 주는 것은 큰 효과가 있습니다. 아이는 부모님의 목소리로 재미있는 이야기를 듣는 것을 좋아합니다. 초등 고학년에 부모님과 함께하는 베갯머리 독서가 정착되면 스마트폰에 매달리는 시간을 줄이는 데도 도움이 되지요.

재미있는 책을 고르는 것을 도와주는 것도 중요한 일입니다. 대부분 아이가 좋아하는 책을 스스로 고르게 하라는 조언을 합니다만, 평소 책을 읽지 않던 아이는 책을 고르기 어렵습니다. 개인적으로는 읽는 아이를 위해 부모가 도와줄 수 있는 가장 중요하고 어려운 일이 북 큐레이션이라고 생각합니다. 책을 읽고 재미있다는 느낌을 받는다면 이미 성공입니다. 책을 읽는 것이 재미있는 일이라는 경험이 쌓이면 자연스럽게 독서에 가까워지겠지요. 그래서 아이의 수준과 취향에 맞는 책을 골라 추천하는 것은 매우 중요한 일입니다. 알아서 책을 빌려다 읽으라고 하지 마시고 먼저 책을 권해 주세요. 선택지를 줄여 주면 부담도 줄어듭니다. 특히 무조건 아이 수준에 맞는 재미있는 책이 좋습니다. 재미있는 책, 몰입할 수 있는 책이 내 아이에게 가장 좋은 책입니다. 책이 재미있는 것이라는 이미지를 만들고 난 후 수준을 높이거나 다양한 분야의 책을 시도하면 됩니다.

책장을 채워 가는
즐거움

학원비나 교재, 문제집 구매 비용은 아까워하지 않으면서 유독 책을 사는 것에 인색한 분들이 많습니다. 책은 도서관에서 쉽게 빌려 읽을 수 있으니까요. 한 번 읽고 말 텐데 돈을 주고 사는 게 아깝게 느껴지기도 합니다.

제가 근무하는 학교에서 특별히 예산을 배정해서 아이들에게 원하는 책을 사준 적이 있습니다. 아이들 수준에 맞는 도서 목록을 제안해서 직접 고를 수 있도록 했습니다. 그리고 독서 시간을 정해서 자기 책을 읽게 했어요. 그랬더니 그 전보다 훨씬 많은 아이들이 몰입해서 책을 열심히 읽더라고요. 내가 고른 내 책이라는 생각에 더 큰 애정과 관심을 가지게 된 겁니다. 평소 책을 잘 읽지 않던 아이들조차 그 책만큼은 끝까지 읽는 모습을 보였지요.

그렇다고 모든 책을 반드시 사서 읽어야 한다는 이야기는 아닙니다. 물론 빌려 읽을 때도 있고 사서 읽을 때도 있는 거지요. 다만 이제 고학년이 되면 책 한 권을 꽤 오랫동안 애정을 가지고 읽게 됩니다. 아이가 좋아하는 양서라면 구입해서 책장에 꽂아 주세요. 유아 시기나 저학년 시기의 전집을 책장에 꽂아 두는 집은 많은데 오히려 아이가 크면 책을 잘 구입하지 않게 됩니다. 책장에서 이제는 읽지 않는 어린 시절의 책을 정리하면서 아이의 수준에 맞는 책으로 교체해 주세요. 내 책에 밑줄을 치면서 읽거나 반복해서 읽으면서 독서의 즐거움을 느끼게 됩니다. 부모님의 책과 아이의 책을 도서관처럼 분야별로 함께 정리해 보세요. 특히 이제 지적으로, 정서적으로 많이 성숙한 아이들은 부모님이 읽는 책에도 관심을 보일 겁니다. 좋은 책이 쌓이면 가족의 특색과 취향이 살아 있는 도서관이 만들어질 거예요. 다음에는 무슨 책을 읽을까 고를 수도 있고요. 아직 읽지 않은 책도 자꾸 보면 익숙해집니다. 제목을 보면서 무슨 책인지 호기심을 가지게 되면 더 깊고 넓은 독서의 세계에 빠져들 수 있습니다. 조금씩 조금씩 책장을 채워 가는 즐거움을 아이와 함께 느껴 보세요. 부모님과 아이가 함께 만든 책장은 가족의 소중한 보물이 될 것입니다.

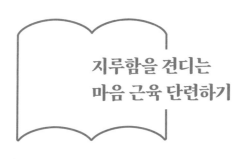

지루함을 견디는
마음 근육 단련하기

초등 고학년 시기에 읽는 책은 이전과 비교해 양도 많아지고 내용도 훨씬 깊어집니다. 독서의 양과 질 모두에서 한 단계 성장하게 되죠. 구체적이고 생생한 묘사를 통해 주인공에게 공감하고 깊이 빠져들 수 있습니다. 이렇게 자연스럽게 독서에 몰입하게 됩니다. 꾸준히 독서를 한 학생들은 초등 고학년이 되면 가벼운 성인 수준의 책을 읽을 수 있게 됩니다.

한편 책의 두께가 두꺼워지면 인내심을 가지고 읽어야 하는 순간이 찾아오지요. 소설의 경우 배경을 설명하거나 주인공과 주변 인물을 설명하는 데 많은 분량을 할애하기도 합니다. 때로는 마지막 반전에서 극적인 효과를 주기 위해 앞부분에 내용을 차곡차곡 쌓아 가기도 하죠.

두꺼운 책을 읽다 보면 간혹 지루할 때가 있습니다. 하지만 인내심을 가지고 읽다 보면 결국 큰 즐거움을 얻게 됩니다. 이러한 긍정적 경험을 하다 보면 지루함을 견디는 마음 근육을 키우게 됩니다.

지루함을 견디는 힘

무엇인가를 배우고 성장하는 과정은 결코 녹록하지 않습니다. 그저 재미있는 활동으로 실력을 쌓는 것은 한계가 있지요. 초등 고학년이 되면 좀 더 진지하게 배움의 세계로 들어갈 수 있어야 합니다. 지루하고 지겨운 시간을 버틸 줄 알아야 눈앞이 열리고 새로운 세계로 들어갈 수 있습니다. **초등 고학년은 지루함을 견디고 성장하는 기쁨을 경험하는 시기입니다.** 이 시기에 이러한 성공을 경험해 본 학생이라면 중고등학교 공부는 걱정할 필요가 없습니다.

그렇다면 지루함을 견디는 힘은 어디에서 오는 걸까요? 사실 특별한 비결은 없습니다. 조급하게 수준 높은 책을 읽어야 한다는 부담을 가질 필요도 없어요. 초등 고학년까지 꾸준히 책을 읽어 온 아이라면 자연스럽게 독서를 통해 지루함을 극복하는 경험을 하게 됩니다. 책의 수준을 계속 높여 가면서 책을 읽어야 하는 것도 아닙니다. 책을 읽다 보면 버텨야 하는 지루한 순간도 있고, 정신없이 몰입하는 재미있는 순간도 있지요. 꾸준히 읽는 아이들은 이러한 과정을 반복해서 경험합니다. 그리고 자연스럽게 읽는 순간의 지루함도 견딜 줄 알게 됩니다.

이처럼 초등 고학년의 공부 체력과 마음 근육은 독서를 통해 단련됩니다. 꾸준히 책을 읽어 온 아이라면 조금 지루하다고 바로 책을 던져 버리지 않을 수 있습니다. 읽다 보면 재미있어진다는 것을 경험했기 때문입니다. 지루함을 견디는 인내심과 이를 통한 성장 경험은 결국 학습에서의 성공과 인생에서의 성장으로 이어집니다. 그래서 초등 고학년의 독서는 더욱 중요합니다.

멈춤이 필요한 순간

하지만 모든 책을 끝까지 읽어야 한다는 부담은 금물입니다. 조금 지루하고 어렵다고 바로 책을 던져 버리는 태도도 문제지만, 읽기 힘든 책을 억지로 붙잡고 버티는 것도 독서 정서에 좋지 않습니다. 지루하고 힘든 오르막을 오르다가 평평하고 편안한 평지를 걷는 기분으로 술술 읽을 수 있다면 오르락내리락 성취감을 느끼며 책을 읽을 수 있을 것입니다. 그러나 끝없이 힘들고 어렵기만 했다면, 나에게 맞지 않는 책이라면 과감히 책을 덮어도 됩니다. 한번 시작한 책을 끝까지 읽어야 한다는 강박관념을 가지면 새로운 책을 쉽게 시도하지 못합니다. 더 수준 높은 책에 도전하거나 새로운 분야로 관심을 넓혀 가기 어려워요. 완벽주의는 오히려 독서로부터 멀어지게 만듭니다. 가벼운 마음으로 책을 고르고 부담 없이 책장을 넘길 수 있는 여유 있는 태도가 더 유리하죠. 지루함을 견디는 인내심을 지니되 책을 끝까지 읽지 않아도 된다는 마음의 여유도 필요합니다. 독서에서도 균형 잡힌 태도는 중요하지요.

아이가 《코스모스》나 《총균쇠》처럼 두꺼운 책을 처음 읽기 시작할 때 저는 이렇게 말해 주었습니다.

> "엄마는 이 책을 정말 좋아해. 그리고 멋지고 훌륭한 책이라고 생각해. 하지만 책의 내용이 좀 길고 어려울 수도 있어. 엄마도 그랬거든. 지루할 때 조금 참아보는 것은 좋지만 너무 어렵다고 생각하면 그만두어도 좋아. 꼭 책을 끝까지 읽을 필요는 없어. 한 챕터만 읽어도 충분하고 대단하다고 생각해. 다음에 더 커서 읽어도 되고 네 마음에 들지 않으면 아예 안 읽어도 괜찮아."

제 걱정과 다르게 아이는 별 부담 없이 책을 끝까지 읽어 냈습니다. 어떻게 끝까지 읽었냐고 물었더니 중간에 어려운 부분은 좀 넘겨 가며 읽었다고 하더라고요. 재미있는 부분도 있고, 이해되지 않는 부분도 있었지만 그래도 읽을만 했다고 덤덤히 말하더군요.

띄엄띄엄 읽어도 괜찮고, 중간에 멈춰도 괜찮습니다. 지루하다고 투덜대면 맞장구를 쳐 주세요. 지루하고 재미없다는 반응에 걱정할 필요 없습니다. 원래 공부는 지루하고, 독서도 재미가 없을 때가 있어요. 아이가 자신의 지루한 감정을 그저 자연스럽게 받아들이도록 해 주세요. 당연한 거라며 응원해 주세요. 우리 인생도 드라마틱하게 재미있는 순간이 자주 오는 건 아니잖아요?

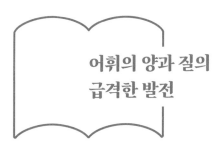

어휘의 양과 질의 급격한 발전

초등 고학년은 어휘의 양이 급격히 늘어나는 시기입니다. 고학년 시기에 독서를 통해 어휘력이 향상되는 아이와 그렇지 못한 아이의 학습능력 차이는 급격히 벌어지기 시작합니다. 초반에는 크게 차이가 없어 보이지요. 하지만 고학년을 지나 중학교 수업 시간이 되면 건널 수 없는 강이 생겨 버려요. 어휘력이 발달한 아이가 1.5의 시력으로 칠판을 바라보며 수업을 듣고 있다면, 그렇지 않은 아이는 0.1 이하의 시력으로 교실에 앉아 있는 것과 같습니다. 선생님의 목소리가 들리기는 하는데 무슨 말인지 이해하기 어렵고, 칠판에 쓰여 있는 글자나 교과서에 있는 문장이 보여도 보이지 않는 것 같지요. 격차가 벌어지는 속도는 학년이, 학습 수준이 올라갈수록 더욱 빨라질 수밖에 없습니다.

문어체가 낯선 아이들

특히 초등 고학년이 되면 문어체에 익숙해져야 합니다. 문어체는 글에서 쓰이는 문체를 말합니다. 반대되는 말은 구어체가 되겠지요. 구어체는 일상적인 대화에서 주로 쓰는 말투입니다. 인터넷이 발달하기 전에는 글은 문어체, 말은 구어체로 비교적 자연스럽게 분리되었지요. 하지만 요즘 아이들은 글을 인쇄 매체가 아닌 온라인에서 접하는 경우가 더 많습니다. 또 온라인 채팅을 통한 대화가 늘게 되면서 말과 글의 경계가 모호해지게 되었지요. 특히 일상생활에서 쓰는 줄임말이나 은어를 그대로 글로 옮겨 적는 경우가 많습니다.

문어체와 비교해 구어체의 수준이 낮다거나 줄임말을 써서는 안 된다고 말하려는 것은 아닙니다. 언어는 살아 있는 것이고 쓰임에 따라 끊임없이 변화하는 것이므로 무엇이 옳다 그르다는 가치 판단을 함부로 할 수는 없습니다. 하지만 여전히 깊은 생각을 요구하는 수준 높은 읽을거리는 문어체로 서술되어 있습니다. 교과서나 학술서는 물론 문어체를 사용하지요.

온라인의 짧은 글 읽기에 익숙한 학생들은 문어체로 된 글을 읽기 어려워합니다. 어렵다기보다는 어색하다는 것이 더 적합한 표현일지 모르겠습니다. 분명히 우리 말인데 읽어도 눈에 잘 들어오지 않습니다. 무엇보다 문어체로 쓰인 글은 구어체에 비해 훨씬 더 많은 어휘를 사용합니다. 정보를 정확하게 전달하거나 상황을 구체적으로 묘사하기 위해서 적절한 어휘를 세심하게 고르기 때문이지요.

초등 고학년 시기까지 꾸준히 책을 읽으면 문어체에 익숙해지고 자연스럽게 다양한 어휘를 알아 가게 됩니다. 어휘가 늘게 되면 책이 더 술술 읽히고, 다시 어휘가 늘어 다음 책이 쉬워지는 무한 선순환이 이루어집니다. 교과서를 쉽게 읽고 스스로 적절한 어휘를 활용할 수 있게 되지요.

의미소 단위로 단어를 쪼개는 연습

문어체에서 주로 사용되는 어려운 단어들은 대부분 한자어입니다. 한자어보다 순우리말을 사용해야 한다는 말에는 충분히 공감합니다. 하지만 학술적인 용어는 많은 의미를 경제적으로 수용할 수 있는 한자어가 적합한 경우가 많습니다. 그래서 낯선 어휘라 할지라도 한자어는 그 뜻을 대입하며 의미를 유추해 볼 수 있습니다.

책《언 다르고 어 다르다》에서 김철호 작가님은 낱말을 의미소 단위로 쪼개서 들여다보는 공부 방법을 제안하고 이를 '인수분해 학습법'이라 이름 붙입니다. 이 방법은 초등 고학년부터 학생들이 실제로 활용하기에 매우 유용한 방법입니다. 실제로 저도 수업 시간에 어려운 개념을 설명할 때 이 방법을 자주 사용합니다. 김철호 작가님의 설명을 잠시 인용해 보겠습니다.

'피해'를 한덩어리로 뭉뚱그려 이해하지 않고 '해를+입는다'로 쪼갤 수 있으면 '피의자'라는 말을 '의심을+받는+사람'으로 분석할 수 있는 눈이 생기고, '피동사'를 '행동을+받는+말'로 분해할 수 있는 안목이 생긴다.

사회 시간에 피해자, 피의자, 피고인 등을 설명할 때 위와 같은 방식으로 설명하곤 합니다. 그저 하나의 개념으로 알려 주고 외우게 하는 것보다 훨씬 더 효과적입니다. 수업을 하다 보면 많은 아이들이 '아, 그렇구나!' 하고 깨닫는 눈빛을 보낼 때가 있거든요. 바로 이렇게 의미소 단위로 개념을 설명할 때입니다. 이렇게 알게 된 개념은 굳이 외우지 않아도 저절로 이해하게 됩니다. 게다가 '피'라는 한자가 '~을 입다', '~을 당하다'는 뜻이라는 것을 알게 되면 다양한 용례를 통해 어휘를 유추하게 됩니다. 단어 공부도 응용이 가능하게 되는 것이죠.

아이들은 책을 읽다가 모르는 단어가 나오면 종종 어른에게 바로 묻곤 합니다. "엄마, 주권이 무슨 뜻이에요?", "선생님, 소인수분해가 무슨 뜻이에요?" 상상력과 추리력이 높은 아이가 어휘력이 높아집니다. 이럴 때 바로 정답을 알려 주지 마시고 아이와 함께 의미소 단위로 쪼개서 뜻을 풀어 보세요. 그것이 익숙해지면 질문을 던지면서 아이가 스스로 유추해 볼 기회를 주세요. 언젠가는 앞뒤 맥락을 활용하며 모르는 단어를 짐작하고 어려운 글을 술술 읽어 내는 놀라운 독해 능력을 지니게 될 것입니다.

인수분해 학습법 대화 시뮬레이션

엄마: 우리 아들 역사 공부하는구나! 오, 교과서에 멋진 그림이 나오네.

동우: 내일 단원평가를 보거든요. 근데 엄마 이 그림 알아요?

엄마: 엄마도 학교 다닐 때 배웠지. 겸재 정선 그림 맞지?

동우: 와, 학교 다닐 때 배운 걸 아직도 기억해요? 대단한데요? 이런 그림을 진경산수화라고 한대요.

엄마: 워낙에 유명한 화가고 그림이니까. 근데 이 그림 진짜 인왕산이랑 비슷해서 신기했어.

동우: 근데 진경산수화가 무슨 말이에요?

엄마: 무척 어려운 말인데 한번 생각해 보자. 정선이 진짜 인왕산이랑 금강산을 보고 그렸다는 건 배웠지?

동우: 아, 그럼 진경이라는 게 진짜 경치인가?

엄마: 그렇지! 그 전의 화가들은 중국의 산이나 상상 속의 풍경을 많이 그렸대. 그런데 우리나라 진짜 경치를 그려서 유명한 거거든.

동우: 그럼 산수화는 계산하는 산수가 아니구나. 산은 인왕산의 산이구나! 그럼 수는 물 수인가 보네요. 생수할 때 수요.

엄마: 오, 맞아! 화는 그림이니까 진경산수화는 산과 물 등 진짜 자연 경치를 보고 그린 그림이 되겠지.

동우: 아하, 이렇게 보니까 어려운 말이 아니네요!

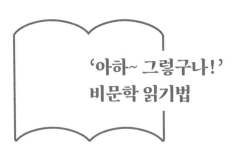

'아하~ 그렇구나!'
비문학 읽기법

초등 저학년 시기에는 이야기책을 주로 읽지요. 초등 저학년만의 이야기는 아니고요, 우리나라 독서 인구 중 소설 이외의 책을 읽는 사람은 소수라고 합니다. 물론 소설책을 읽는 것이 좋지 않다거나 수준 낮은 읽기라는 말을 하고자 하는 것은 절대 아닙니다. 소설책을 좋아한다면 계속 소설책을 읽어도 괜찮습니다. 다만 꾸준히 독서를 해 온 학생이라면 이제 다양한 읽기에 도전해 보자는 제안인 거지요. 생각지도 못한 즐거움과 놀라운 성장을 경험할 수도 있으니까요.

초등 고학년 시기에 한 단계 점프할 수 있는 읽기 방법을 '아하~ 그렇구나!' 읽기라고 부르려 합니다. 학생들은 국어 시간에 설명문과 논설문에 대해 배울 겁니다. 정보를 전달하거나 저자의 주장을 밝히는 글이지요. 학술적인 글은 설명문과 논설문의 결합이라 볼 수 있습니다. 학자는 기존 이론을 설명하고 검토하면서 자신만의 주장을 논리적으로 증명합니다. 이러한 글을 논문이라고 하지요. 학문은 오랜 세월 수많은 학자의 연구가 켜켜이 쌓여 만들어진 커다란 체계입니다. 이를 학생들의 수준에 맞게 재구성한 것이 교과목이고, 교육과정입니다. 그리고 각 과목의 교과서는 교육과정에 따라 쓰여집니다. 따라서 설명문과 논설문과 같은 형식의 글을 익숙하게 잘 읽을 수 있다는 것은 쉽게 학습을 할 수 있다는 것, 공부 방법을 알고 있다는 것과 같습니다.

교과서 읽기의 중요성

소화하기 힘들 만큼 엄청난 양의 정보가 넘치고 다양한 매체가 화려하게 포장해서 수많은 콘텐츠를 내놓는 요즘, 교과서의 중요성은 다소 퇴색되는 느낌입니다. 학생들은 교과서를 읽기보다 인강을 듣고 요약 노트나 자습서를 보면서 공부합니다. 하지만 교과서는 가장 정련된 형태의 설명문입니다. 비문학 지문을 읽기가 어렵다고요? 최고의 비문학 지문은 과목별 교과서에 있습니다. 초등학교부터 중학교를 거쳐 가며 각 과목의 교과서만 집중해서 읽어도 비문학 읽기 연습은 충분할 정도입니다. 사실 문해력을 위한 읽기 연습으로 인문, 사회, 과학 등 다양한 분야의 읽기를 하고자 한다면 교과서만 성실히 읽어도 됩니다.

하지만 교과서를 재미있게 읽기는 어렵지요. 교과서는 짧은 분량 안에 많은 내용을 담아야 하므로 핵심을 뽑아 요약한 형태로 서술됩니다. 그래서 읽기의 즐거움이 느껴지지는 않아요. 교과서는 지식을 키우고 문해력을 높이기 위한 공부로서 읽습니다. 새로운 정보를 알아 가는 기쁨은 과학, 수학, 역사, 정치, 경제, 사회, 문화 등 다양한 분야의 책을 통해 느껴 보세요.

비문학 읽기의 즐거움

정보 전달을 목적으로 하는 책은 무슨 재미로 읽을까요? 이야기책에만 익숙한 사람들은 비문학 읽기를 어려워합니다. 딱딱하고 재미없다고 생각하지요. 공부에 가깝게 느껴지기 때문이에요. 비문학 책의 즐거움은 몰랐던 것을 새로 알게 되는 데 있습니다. 핵심은 그것이 알고 싶었던 정보인가에 있습니다. 우리나라 사람들이 책을 잘 안 읽는다고 하지만 재테크 책은 잘 팔리잖아요. 주식으로 돈을 벌고 싶은 사람은 누가 시키지 않아도 주식 책을 집중해서 읽겠지요. 호기심이 있는 사람, 해당 분야를 궁금해하는 사람에게 정보를 전달하는 책은 이야기책보다 더 큰 즐거움을 줍니다. 이때 경험하는 기분이 이겁니다. "아하~ 그렇구나!" 어둑어둑한 공간에서 더듬거리고 있을 때 형광등이 탁 켜지는 시원한 느낌. 배움과 성장을 즐기는 것은 인간 누구나 느끼는 보편적인 정서입니다. 초등 고학년 시기에 책을 읽으며 이러한 느낌을 경험할 수 있다면 앞으로 중고등학교에서 필요한 탄탄한 공부 정서를 형성하는 데 크게 도움이 됩니다.

'아하, 그렇구나' 읽기 방법

그렇다면 '아하, 그렇구나!' 읽기를 어떻게 할 수 있을까요? 기본적으로 지적 호기심이 강하고 배우는 것을 좋아하는 학생이라면 그냥 저절로 되겠지만 그런 학생은 소수에 불과하죠.

첫째로 관심 있는 분야의 책부터 읽는 것이 좋습니다. 위에서 재테크 도서에 대한 예를 들었습니다만 아이들도 관심 분야가 있다면 거기에서 시작하면 됩니다. 공룡을 좋아하는 아이라면 공룡에 관한 책을, 우주를 좋아하는 아이라면 우주에 관한 책을 읽으면 되지요. 이집트에 관심을 가지기 시작했다면 이집트 역사나 미술에 관한 책을 골라 읽게 해 주세요. 컴퓨터를 좋아하는 아이, 게임에 대해 관심을 가진 아이라면 관련 책을 찾아보면 좋겠네요. 흥미를 연결고리로 해서 관심사를 주변으로 넓혀 가면 더 좋습니다.

둘째, 적당한 수준의 책을 찾아 읽습니다. 너무 쉬우면 배우는 즐거움을 느끼기 어렵고, 너무 어려우면 흥미를 잃고 포기하게 됩니다. 배우고 성장하는 읽기를 위해서는 자신의 수준보다 살짝 높은 텍스트를 읽는 것이 가장 좋지만 수준에 너무 집착할 필요는 없어요. 원하는 주제를 다루고 있는 딱 맞는 수준의 책을 찾기란 쉽지 않으니까요. 쉬운 책을 읽게 되었다면 자신감을 얻고, 더 높은 수준의 책을 찾아보고자 하는 의욕이 생길 거예요. 혹시 너무 책이 어렵게 느껴지면 다음을 기약하면 되지요. 책에 대한 긍정적인 정서를 지키도록 옆에서 도움을 주세요.

셋째, 텍스트의 소재는 구체적인 내용을 먼저 읽고, 학년이 올라가면서 추상적인 내용을 접하는 것이 좋습니다. 초등 고학년은 이제 서서히 추상적 사고 능력이 발달하기 시작합니다. 따라서 비문학 영역의 책을 읽는다면 먼저 감각적이고 구체적인 내용부터 읽는 것이 좋습니다. 특히 과학을 좋아하는 아이라면 재미있는 과학책부터 접하면 좋겠네요. 눈으로 확인할 수 있는 신기한 실험 내용, 주변에서 관찰할 수 있는 동물과 식물에 대한 내용, 해와 달과 별에 관한 이야기, 시시각각 변화하는 날씨와 기후의 원인 등 과학을 책으로 접한 아이들은 세상을 관찰하면서 학습의 즐거움을 느낄 수 있습니다. 이후 점차 읽기의 수준을 높여 가면서 보이지는 않지만 우리 주변에서 작용하고 있는 다양한 힘의 존재, 물질을 구성하고 있는 분자와 원자와 같은 미시 세계, 지구의 형성과 진화의 역사, 한없는 상상력을 키워줄 광대한 우주를 받아들일 수 있습니다.

인문 영역의 책을 읽는다면 스토리가 있는 역사로 시작하면 좋습니다. 제 큰아이는 현실적인 성향이 강한 아이라서 꾸며낸 이야기보다는 역사 이야기를 더 좋아하더군요. 그래서 초등학교 때는 소설책보다는 역사책을 더 많이 봤어요. (둘째 아이는 역사보다 소설을 더 좋아했지요. 아이마다 선호는 다 제각각인 모양입니다.) 역사책은 실제 있었던 재미있는 옛날이야기라고 생각하면 되지요. 역사적 인물에 관한 이야기나 재미있는 일화와 같은 스토리로 시작하면 역사 자체를 재미있게 받아들일 수 있습니다. 사회 구조나 정치 체제와 같은 추상적 개념은 학년이 올라가면서 천천히 알아 가도 됩니다.

우리 주변을 비롯해 전 세계의 이슈인 환경 이야기도 책을 읽으면서 직관적으로 느낄 수 있는 좋은 주제입니다. 환경은 지리, 사회, 정치, 과학 등이 연계되는 주제이므로 세상을 바라보는 시각을 넓혀 줍니다. 게다가 공동체의 구성원으로서 책임을 느끼고 균형 잡힌 가치관을 형성하는 데에도 도움을 주지요. 정치나 법, 경제, 철학 등의 분야는 추상적인 사고가 어느 정도 자리 잡힌 후 읽는 것이 좋습니다. 동화 형식으로 구성된 책을 통해 접하면 쉽고 재미있게 접할 수도 있습니다. 다만 추상적 학문 분야를 책으로 빨리 접해야 한다는 부담을 가질 필요는 없습니다.

정보를 제공하는 책을 읽을 때 새로 알게 된 내용에 밑줄을 치거나 나만의 표시를 하는 등의 방법을 추천할 수 있습니다. 그러나 초등 시기에 굳이 공부하듯 책을 읽을 필요는 없습니다. 다만 한 줄 한 줄 읽으면서 "아하~ 그렇구나!"의 정서를 경험하며 읽는 것은 큰 의미가 있습니다. 저는 학생들에게 집중해서 텍스트를 읽을 때 고개가 끄덕여지는지 스스로 점검해 보라는 말을 합니다. '아하, 그렇구나!' 읽기가 되지 않는다면 비문학 책을 읽는 것이 불가능해집니다. 재미가 없으니까요. 어휘가 어렵다면 몇 가지 주요 어휘만 알아본 후 읽으면 쉽게 넘어갈 수 있습니다. 독서는 공부가 아니므로 모든 내용을 정확히 이해해야 하는 것은 아닙니다. 대략의 체계를 파악하면서 읽을 수 있다면 세부적인 내용은 가볍게 넘어가도 괜찮습니다. 도대체 이 책의 저자는 무슨 말을 하고 싶은 건지, 이 장은 무엇에 관한 내용을 담고 있는 건지, 이 단락의 핵심은 무엇인지를 대략 파악할 수 있다면 충분합니다.

정보를 제공하는 글 읽는 법 (ft. 교과서 읽으며 공부하기)

학교에서 교과서를 읽을 때 여러 가지 방법을 활용합니다. 꼭 이대로 해야 하는 것은 아닙니다. 꼼꼼하게 학습하거나, 읽은 내용을 정리하고 싶을 때 다음 내용을 참고하면서 자신에게 맞는 방법을 찾는 것이 좋습니다.

1. 정해진 시간 안에 한 페이지 정도의 글을 집중해서 읽게 합니다. 때로는 타이머를 맞춰 놓고 읽습니다. 주어진 시간 안에 최대한 집중력을 발휘할 수 있습니다.
2. 어려운 단어가 나오면 동그라미 표시를 합니다. 동그라미 표시된 단어를 확인하면 왜 내용을 이해하지 못했는지 알 수 있습니다. 처음 읽을 때는 모르는 단어의 뜻을 미리 찾아보지 말고 표시만 하며 뜻을 유추해 보게 합니다.
3. 한 문단에는 하나의 생각이 들어 있습니다. 한 문단의 생각을 대표하는 핵심 문

장을 찾아 밑줄을 칩니다.

4. 핵심 문장은 첫 문장이나 마지막 문장인 경우가 많습니다. 핵심 문장 이외의 문장은 보조 문장으로서 사례나 논거와 같이 핵심 문장을 뒷받침해 주는 역할을 합니다. 보조 문장을 읽으면서 고개가 끄덕여지는지 스스로 생각하며 읽어 봅니다.

5. 한 단락에서 다음 단락으로 넘어가며 '아하~ 그렇구나!' 정서를 느껴 봅니다. 만약 느껴지지 않는다면 어디에서 이해의 흐름이 끊기는지 표시합니다.

6. 끝까지 혼자서 읽어본 후 표시해 둔 어려운 단어의 뜻을 찾아봅니다. 한자어와 문맥으로 유추한 의미를 사전의 뜻과 비교해 보고, 새로 알게 된 단어를 메모합니다.

7. 단어를 확인한 후 내용을 다시 빠르게 읽어 봅니다.

8. 핵심 문장만을 빠르게 확인하며 노트에 글의 구조가 드러나도록 정리합니다.

9. 새로 알게 된 내용이나 질문을 적어 둡니다.

부모님과 함께 책을 읽는다면 책 내용에 대해 가벼운 대화를 나누는 것도 아이의 흥미와 이해를 높이는 데 크게 도움이 됩니다. 대화를 하면서 정확히 이해되지 않았던 부분을 스스로 깨닫기도 하고, 아이가 직접 말로 표현하면서 내용을 요약하고 파악할 수 있습니다. 책을 읽거나 대화 중에 부모님이 "아하~ 그렇구나!"를 직접적으로 표현해 주는 것도 좋습니다. 아이와 책을 읽으면서 새롭게 알게 된 내용에 대해 자유롭게 이야기하다 보면 자연스럽게 자기 생각을 정리하고 주장하는 연습을 하게 됩니다. 아이의 관심사나 생활 속 소재와 연결된 대화는 지식과 가치관, 독서와 삶의 연결고리가 되어 줍니다.

함께 읽으면
좋은 점들

초등 고학년까지 책을 손에서 놓지 않았다면 이제 다른 이들과 함께 읽는 경험을 해 보세요. 예를 들면 학교에서 도서반이나 독서 동아리 활동을 할 수 있지요. 공식적인 활동이 아니라도 괜찮습니다. 터울이 크지 않은 형제자매가 집에서 함께 읽어도 좋고 친구나 부모님과 함께 읽어도 좋습니다.

물론 꼭 독서 모임을 만들어야 한다는 부담을 가질 필요는 없어요. 책은 혼자 있을 때 스스로에 집중할 수 있게 해 주는 가장 좋은 친구죠. 독서는 고독을 즐기는 취미입니다. 하지만 다른 이들과 함께 읽고 나누는 즐거움도 작지 않아요. 소설가 김영하 작가님은 한 달에 한 권 책을 읽는 북클럽을 운영하는데요, 같은 책을 읽은 사람들이 SNS에 태그를 달고 자신의 생각을 공유합니다. 그리고 그달의 마지막 날 작가님의 라이브 방송에 참여하죠. 서로 만나지 않아도 누군가와 함께 책을 읽는다는 기분만으로 더욱 의욕적으로 독서를 할 수 있을 듯합니다. 책을 통한 연대감이 주는 충만함도 있을 거고요. 반드시 다른 이들과 함께 책을 읽어야 한다는 주장이 아니라 독서를 즐기는 가벼운 방법 정도로만 참고해 주세요.

친구와 함께 읽기

초등 고학년이 되면 사회적 관계와 인정에 대한 욕구가 더 커집니다. 빠른 경우 사춘기에 접어들면서 친구를 매우 중요시하게 되지요. 그래서 이 시기에 책 읽기를 함께하는 사회적 관계가 형성되면 그 효과가 커질 수 있어요. 누군가와 함께 읽을 수 있다면 독서 슬럼프에 빠질 때도 읽기를 지속할 힘이 생깁니다. 또래 친구들에게 재미있는 책을 추천 받을 수도 있지요. 그동안 알지 못했던 분야로 관심사를 넓혀 갈 수도 있습니다. 무엇보다 좋은 건 서로에게 자극이 되어 준다는 점입니다. 사춘기는 친구 따라 강남 가는 시기이죠. 게임을 좋아하는 사람 옆에 있으면 게임을 좋아하게 될 가능성이 높습니다. 운동을 좋아하는 사람과 함께 있으면 운동을 많이 하겠죠. 관심사와 취향을 나눌 수 있는 독서 모임을 하게 되면 읽는 일상이 당연해집니다.

요즘 문해력의 중요성이 주목받으면서 학교에서도 독서 교육에 힘을 쏟고 있습니다. 아침 독서를 하기도 하고, 한 학급이 수업 내용과 관련하여 같은 책을 읽기도 합니다. 다양한 독후 활동을 하거나 대회가 열리기도 하죠. 개별적으로 동아리 활동을 할 기회도 있을 겁니다. 학교에서 독서 활동에 적극적으로 참여하는 것만으로 친구들과 함께 읽는 경험을 할 수 있습니다. 이럴 때 가정에서는 학교의 독서 활동에 관심을 가지고 격려해 주는 것만으로도 효과를 얻을 수 있습니다. 학교에서 어떤 책을 읽는지, 어떤 활동을 하고 어떤 생각을 했는지 대견하다는 눈빛으로 물어봐 주세요. 학교에서 읽었던 책이 재미있었다면 같은 작가의 다른 책을 골라보거나, 비슷한 분야의 책으로 독서 영역을 넓히는 것도 좋습니다.

가정에서 가족끼리 같은 책을 돌려보고 대화를 나누는 것도 훌륭한 함께 읽기 방법입니다. 특히 부모님과의 함께 읽기는 앞으로 중학생이 되면서 놀라운 효과를 가져올 수 있습니다. 누군가와 함께 읽으면 외롭지 않죠. 결국 아이 혼자 스스로 읽기에도 더 말할 것도 없이 긍정적인 영향을 줄 수 있습니다.

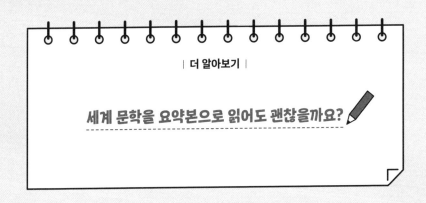

| 더 알아보기 |

세계 문학을 요약본으로 읽어도 괜찮을까요?

초등 고학년은 인류의 위대한 유산인 세계 명작을 요약본으로 읽을지 고민이 되는 시기입니다.《레 미제라블》,《돈 키호테》,《일리아드》와《오디세이》등과 같이 길고 어려운 고전을 아동용으로 요약해 둔 문학 전집을 읽는 것은 어떨까요?

고전 소설을 요약본으로 읽는 것은 읽지 않은 것과 같습니다. 책 속에 숨 쉬고 있는 역사와 철학적 배경, 인물과 관계에 대한 구체적 묘사, 함축적 의미, 아름다운 문장과 정서 등을 요약본에 담는 것은 불가능에 가깝지요. 결국 요약본은 피상적인 줄거리만 담을 수밖에 없습니다. 그런데도 어린 시절에 요약본으로 세계 문학을 접한 아이들은 자신이 그 책을 읽었다고 생각하죠. 실제 작품의 가치는 100분의 1도 경험하지 못한 채로요.

하지만 이 시기에 세계 문학의 요약본을 읽는 것은 무시할 수 없는 유용성이 있습니다. 최소한 아이들은 세계 명작의 제목과 지은이, 대략의 줄거리를 파악할 수 있습니다.《레 미제라블》이 프랑스 혁명을 배경으로 하는 소설이라는 점과 장발장을 주인공으로 하며 인간의 구원을 다룬 이야기임을 아는 것과 아예 모르는 것은 다르죠. 요약본으로 많은 세계 문학을 접한다는 것은 고전의 리스트를 꿰고 있다는 것과 같습니다. 비록 읽지 않았다 하더라도 어떤 책에 대해 알고 있으면, 이후 그 책을 읽게 될 가능성이 커집니다. 다양한 세계 문학 요약본을 접하면 아이가 어떤 장르의 책을 좋아하는지, 어떤 작가를 좋아하는지 취향을 발견할 수도 있습니다. 좋아하는 책이 생기면 더 커서 그 책을 완역본으로 읽어볼 수 있겠지요.

앞서 요약본은 읽지 않은 책을 읽었다는 착각을 하게 할 수 있다고 했습니다. 하지만 반대로 요약본으로 세계 문학을 접한 아이가 자라서 완역본을 읽고 더 큰 감동을 느끼게 될 수도 있습니다. 저는 어렸을 때 《삼국지》를 요약본으로 읽었습니다. 유비, 관우, 장비 삼형제와 제갈공명, 조조, 손권과 같은 영웅 이야기가 재미있었지요. 더 길고 어려운 글을 읽을 수 있게 되면서 열 권짜리 삼국지를 처음 읽고 충격을 받았습니다. 제가 알던 이야기보다 훨씬 더 재미있었던 거예요. '아, 짧게 줄여 쓴 책보다 길고 자세하게 쓴 책이 더 재미있구나!' 완역본을 읽는 즐거움을 그렇게 깨달았습니다.

고전 중에서 특히 줄거리가 재미있는 책들이 많습니다. 《일리아드》와 《오디세이》와 같은 고전을 완역본으로 읽으면 서사시라는 형식 탓에 쉬이 읽히지 않아요. 하지만 청소년용 요약본으로 읽으면 더 재미있게 읽을 수 있습니다. 쥘 베른의 SF 소설도 줄거리가 흥미진진하지요. 이러한 책들은 요약본으로 접하더라도 스토리 자체의 즐거움을 느낄 수 있습니다. 탄탄한 플롯이나 반전 등을 경험하는 것도 가능하지요. 요약본임에도 아이들은 고전 문학을 읽는 즐거움을 느끼며 책에 대해 긍정적 정서를 가질 수 있습니다.

현실적인 유용성도 무시할 수 없습니다. 초등 고학년 시기는 아동 도서에서 성인 도서로 넘어가는 과도기라서 적당한 수준의 책을 찾기가 쉽지 않습니다. 이때 아이에게 세계 문학 요약본 시리즈를 추천하면 책을 고르는 수고를 덜 수도 있습니다. 단 전집으로 한꺼번에 세계문학전집 요약본을 들이는 것은 권하고 싶지 않습니다. 예를 들면 톨스토이의 《안나 카레니나》나 도스토옙스키의 《카라마조프 가의 형제들》과 같은 책은 줄거리만으로는 책의 가치를 느끼기 어려울뿐더러 줄거리 자체가 학생들에게 적합하지도 않습니다. 또 초등 고학년 학생들은 너무 많은 전집에 부담을 느낄 수도 있고요. 세계 문학 요약본을 읽는 경우 빌려 읽어도 되고 헌책으로 조금씩 필요한 만큼 사서 읽어도 괜찮습니다.

3장

골든타임
단계별 읽기 로드맵 4

중학생,
읽는 어른이 되기 위한 책 읽기 수업

우리가 읽어야 할 책이란 다음과 같은 것이다. 읽기 전과 읽은 후 세상이 완전히 달리 보이는 책. 우리들을 이 세상의 저 편으로 데려다주는 책. 읽는 것만으로도 우리의 마음이 맑게 정화되는 듯 느껴지는 책. 새로운 지혜와 용기를 선사하는 책. 사랑과 미에 대한 새로운 인식, 새로운 관점을 안겨주는 책.

- 《니체의 말》, 시라토리 하루히코 엮음, 삼호미디어

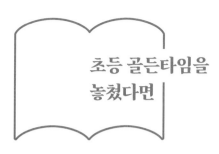

초등 골든타임을
놓쳤다면

초등 독서 골든타임을 충실히 지내면서 중학생이 된 아이라면 이제 독서를 위한 새로운 방법은 필요 없습니다. 초등 고학년 시기까지 멈추지 않고 꾸준히 책을 읽은 아이는 중학교에 들어오면, 더 깊고 넓은 독서의 세계에서 유유히 헤엄치게 됩니다. 읽기가 익숙한 아이라면 본격적인 중학교 공부가 어렵지 않지요. 특별히 어려운 단어도 없고 읽으면 술술 이해가 되니 학습에 대한 효율성과 효능감이 높아집니다. 틈틈이 취미로 독서를 통해 스트레스를 풀면서 문해력과 사고력은 더욱더 높아지고, 타인에 대한 공감 능력과 감수성까지 키울 수 있지요. 중학교 시기가 되면 이제 일상적으로 책을 읽는 학생과 그렇지 않은 학생 간의 격차가 점점 더 급격히 벌어지게 됩니다.

독서에 늦은 시기란 없다

만약 초등 골든타임을 놓쳐 버렸다면 어떻게 해야 할까요? 초등 시기에 읽는 경험을 제대로 하지 못했다면 이제는 늦어버린 걸까요?

읽기에 있어 늦은 시기란 없습니다. 어른이 되어서도 언제든 다시 독서를 시작할 수 있어요. 다만 중학생 시기는 읽기가 학습과 직결되기 때문에 더 급하고 중요하죠. 먼저 학생의 문해력이 어느 수준인지 파악해야 합니다. 기준은 해당 학년 국어나 사회 교과서 등을 읽을 때 술술 읽는지, 어느 정도로 이해할 수 있는지를 생각해 보면 됩니다. 80퍼센트 정도는 무리 없이 이해할 수 있다면 큰 문제가 없다고 판단해도 됩니다. 직관적으로 표현하면 '대부분 막힘없이 고개를 끄덕이면서 읽다가 가끔 이해가 안 되는 부분이 나오는 경우, 하지만 전체 페이지를 이해하는 데 크게 불편함이 없는 경우'라면 괜찮습니다. 초등 시기에 책을 별로 읽지 않았더라도 학교 수업 시간에 충실히 참여하고 교과서를 잘 읽어 왔다면 문해력에 큰 문제가 없을 겁니다. 또 언어 능력에 강점이 있는 학생들은 빠른 속도로 읽기 능력이 향상되기도 합니다. 이런 아이들은 책을 읽는 것이 왜 중요한지 스스로 깨닫거나 재미있는 책을 접하게 되면 쉽게 독서의 즐거움을 느낄 수 있습니다.

하지만 초등 고학년까지 책을 읽지 않았다면 문해력이 무난하게 발달하지 못했을 가능성이 큽니다. 문해력이 부족하다 보니 책을 멀리하게 되고, 책을 멀리하다 보니 문해력이 더 떨어지는 악순환에 놓이게 되지요. 제 학년 교과서를 읽는 데 어려움을 느낀다면 본인이 80퍼센트 이상 쉽게 이해할 수 있는 수준의 책을 찾아 읽기 시작해야 합니다. 주변 친구들이 읽는 책을 그대로 따라서 읽어 봤는데 잘 읽히지 않는다면 독서를 아예 포기하게 될 수도 있어요. 학습과는 달리 책에 있어서 정해진 나이와 수준이란 없습니다. 무조건 재미있게 읽을 수 있는 책으로 시작해야 합니다. '중학생이라면 이 정도는 읽어야'라는 생각에 매여 있으면 독서는 점점 더 멀어집니다. 중학생이라 해도 초등 골든타임을 적용하면 됩니다. 빨리 시작할수록 효과적입니다. 책에서 재미를 느끼기 시작하고 꾸준히 읽기만 한다면 빠른 속도로 읽기에 대한 감을 잡을 수 있게 됩니다.

중학생에게 통하는 동기부여

독서를 해야 하는 이유는 공부를 잘하기 위해서가 아닙니다. 하지만 중학생이 독서의 필요성과 중요성을 공감하도록 설득할 때는 종종 학습을 잘하기 위한 도구적 유용성을 주제로 이야기합니다. 독서 자체의 즐거움과 삶의 충만함은 말로 설명하기 어려우니까요. 좀 아쉽기는 하지만 뭐 어떻습니까. 유용성을 위해서 독서를 시작했는데 독서 자체의 즐거움을 발견하게 될 수도 있으니까요. 일단은 해 봐야 독서의 참맛을 느낄 수 있습니다. 따라서 부모님께서 중학생에게 독서를 하도록 진지하게 설득하고 싶으시다면 학습에 관한 이야기로 접근해 보세요. 하지만 중학생은 놀라울 정도로 말로 설득이 안 되는 존재입니다. 오히려 거꾸로 행동하기도 하죠. 그래서 말보다는 행동으로 보여 주는 게 더 효과적입니다. 부모님이 함께 책을 읽는 모습을 보여 주는 거죠.

어떻게 해도 도저히 아이가 책을 읽지 않는다면 고육지책이지만 학습으로 접근할 수밖에 없습니다. 최소한의 읽기는 꼭 필요합니다. 영어, 수학 공부만큼이나 중요해요. 시중에 초등, 중등 학생들을 위해 다양한 수능 국어 문제집이 나와 있습니다. 문제 풀이가 아닌 꾸준히 읽을거리를 제공해 준다는 데 의미를 두면 됩니다. 학생의 수준에 맞는 단계를 골라 한 지문씩이라도 꾸준히 읽고 문제를 풀어 보면 좋습니다. 특히 비문학 문제집은 한 페이지 정도의 흥미로운 글과 그에 대한 이해도를 묻는 두세 문항 정도로 구성되어 있어요. 지문을 읽는 것만으로 재미있는 경우도 많습니다. 요즘은 워낙 문제집 구성이 잘 되어 있어서 어휘도 정리해 주고 글의 구성을 논리적으로 파악하도록 도움을 주더라고요. 이렇게라도 다양한 글을 지속해서 접하다 보면 읽기에 자신이 붙고 자연스럽게 책을 읽기 시작할지도 모릅니다. 개인적으로는 독서를 학습으로 접근하는 것에 결사반대하지만, 중학생이라면 이러한 방법이라도 활용해 보기를 추천합니다. 재미로 읽으면 될 걸 굳이 공부처럼 해야 하나 싶어 서글픈 생각이 듭니다만, 현실적으로 이렇게도 읽기 훈련을 할 수 있습니다. 격차가 더 벌어지기 전에 하루라도 더 빨리요!

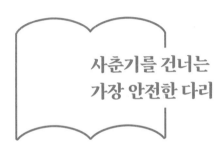

사춘기를 건너는
가장 안전한 다리

중학생은 자신을 어린이도 아니고, 입시라는 뚜렷한 목적을 지닌 고등학생도 아닌 경계인으로 느낍니다. 사춘기의 절정을 겪으며 중2병이라는 소리를 들을 만큼 강렬한 존재감을 발산하지만 정작 본인은 자신을 찾기 위해 발버둥을 치고 있지요. 귀여움으로 모든 실수가 용인되는 것도 아니고, 성숙한 젊음을 뽐내는 것도 아닌, 애매함으로 끊임없이 흔들리는 시기. 아프고 힘든 만큼 우리 인생에서 가장 빠르게 성장하는 시기입니다.

사춘기는 누구나 지나갑니다. 다만 좀 더 안정적으로 보내는 친구들이 있어요. 흔들리면서 자라지만 자신에게 상처를 내지는 않을 정도로 흔들리지요. 물론 개인의 성향 차이가 가장 크겠지요. 하지만 멈추지 않고 읽는 아이는 어렵지 않게 사춘기를 건너갑니다. 사춘기 아이에게 책이 주는 선물은 놀라울 정도입니다.

① 지적 성장

책을 읽으면 아는 게 많아진다는 것은 누구나 아는 사실이죠. 책을 많이 읽는 학생은 박학다식하고 상식이 풍부합니다. 배경지식이 많으니 공부도 수월하고 책도 더 쉽고 빠르게 읽겠지요. 청소년 시기에 책을 통해 지식을 습득하는 모습은 마치 스펀지가 물을 빨아들이는 것과 같아요. 돌아보면 10대, 20대에 접한 지식은 기억 어딘가에 명확히 저장되어 있는데 나이가 들어 알게 된 지식은 쉽게 사라지더군요. 음식을 먹는 족족 소화하는 것처럼 지식 습득 속도가 놀라운 시기입니다. 청소년 시기에 쌓은 지식은 평생의 자산이 됩니다. 그런데 책 읽는 학생의 지적 성장은 단순히 내용 지식의 습득에 멈추지 않습니다. 문해력 향상, 학문적 사고 체계의 확장 등 지적 성장의 방법도 함께 배웁니다. 공부의 내용을 담아낼 수 있는 틀까지 커지는 거죠. 공부하는 방법을 아는, 읽고 이해할 줄 아는 학생으로 성장하는 겁니다.

② 사고의 확장과 철학적 탐색

중학생이 되면 놀라울 정도로 사고력의 수준이 높아집니다. 교육학에서 이야기하는 비판적 사고력, 문제해결력, 분석적 사고력, 창의적 사고력 등의 고차 사고력이 폭발적으로 발달하기 시작하지요. 특히 독서를 통한 뇌의 자극이 가장 큰 효과를 발휘하는 시기입니다. 초등 시기에는 지식을 단편적으로 받아들이는 데 그쳤다면 이제는 판단하고 적용하며 책을 읽을 수 있습니다. 나와 책과의 대화를 본격적으로 시작하게 되는 거지요. 그 과정에서 저자의 생각을 자기 생각으로 변환하는 화학작용이 일어납니다. 더 나아가면 자신만의 독특한 사고 체계를 만들어가다 나에 대한 생각, 사람에 대한 통찰, 세계에 대한 관찰로 나아가 자신만의 세계관을 만들기 시작합니다. 진로는 단지 미래의 직업을 결정하는 것이 아닙니다. 나의 철학을 탄탄히 쌓아올리고 있는 학생이라면 미래의 어떤 상황에서도 흔들리지 않고 유연하게 대처할 수 있습니다.

③ 정서적 안정

질풍노도의 시기에 정서적 안정을 누릴 수 있습니다. 책은 나만의 친구가 되어 주고, 위로가 되어 줍니다. 친구와의 관계에서 어려움을 겪었다면 《체리새우: 비밀글입니다》에서 위로를 얻고 자신의 친구 관계를 돌아볼 수 있습니다. 《아름다운 아이》를 읽고 자존감과 자아정체성을 확립하고, 주변 사람을 대하는 자신의 모습에 대해 생각해 볼 수 있습니다. 《데미안》을 읽고 알을 깨고 나오려는 자신을 투영해 볼 수 있습니다.

책은 성장하는 아픔을 알고 보듬어 줍니다. 질문에 대한 답을 찾고, 때로는 운명처럼 나를 위한 계시를 발견하기도 합니다. 이렇게 찾아온 책 한 권은 내 인생 최고의 멘토가 되어 줍니다.

④ 취미와 즐거움

안정적 취미와 충만한 즐거움이 되어 줍니다. 자신의 취미를 독서로 소개하는 것이 평범하고 진부한가요? 제 소망은 독서가 많은 학생들에게 평범한 취미가 되는 것입니다. 독서처럼 비용이 적게 들고 언제 어디에서나 할 수 있는 유익한 취미를 찾기 어렵습니다. 요즘 학생들은 시간이 남을 때 무엇을 할까요? 언제나 손에 쥐어져 있는 스마트폰에 시선을 빼앗기고 있습니다. 유튜브, 인스타그램 등의 플랫폼이 사람을 홀리는 능력은 상상을 초월하기 때문에 자제력을 발휘하기 쉽지는 않습니다. 저도 종종 유혹에 굴복하곤 합니다. 그럼에도 책을 스마트폰에 대항하는 훌륭한 경쟁자로 만들 수 있습니다. 남는 시간에 책을 읽으며 사색을 즐기는 사람이 느끼는 충만함은 무엇으로도 채우기 어렵습니다. 혼자서 충만한 시간을 보낼 수 있는 사람이 성숙한 사람이라고 생각합니다. 손에 스마트폰뿐 아니라 책을 들고 있는 학생에게 독서는 안정적이고 건강하면서도 즐거운 취미가 되어 줍니다.

끝없이 샘솟는
대화의 소재

중학생을 키우는 부모의 가장 큰 고민이 무엇일까요? 아이가 말을 안한다는 겁니다. 학부모님과 상담을 하면 아이가 집에서 말을 안 해서 도대체 무슨 생각을 하고 있는지 알 수가 없다는 말씀을 많이 하십니다. 물론 학생마다 개인차가 크지만, 사춘기가 되면 유독 집에서 과묵해지는 경우가 많습니다. 성장하면서 나타나는 자연스러운 현상일 수 있으므로 크게 걱정할 일은 아니라고 봅니다. 다만 아이가 부모 앞에서 입을 닫게 된 이유가 있다면 부모님의 변화가 필요하겠지요.

그런데 특별한 이유 없이 대화의 소재가 사라지는 경우도 많습니다. 중학생이 되면 아이의 삶에서 부모의 영향력이 점차 줄어들지요. 부모와 아이 삶의 공통분모도 자연스럽게 줄어듭니다. 전보다 아이의 생활과 생각을 구석구석 알기 어렵습니다. 그러니 부모님으로서는 눈에 보이는 결과, 특히 아이의 미래에 영향을 주는 성적에 더 신경을 쓰게 되죠. 자꾸만 잔소리하게 되고 아이의 행동에 답답해하게 됩니다. 딱히 대화 소재가 없으니 일방적인 지시나 평가를 하게 되죠. 대화의 결과가 안 좋으니 서로 대화를 피하게 됩니다.

우리가 연결된다고 느끼는 시간

저는 아이들을 키우면서 특별히 잘한다고 내세울 것이 없습니다. 그래도 하나 자랑할 만한 것이 있다면 중학생 두 아이와 여전히 끊임없이 수다를 떨고 있다는 것입니다. 한 시간이고, 두 시간이고 서로 쓸데없는 이야기를 하면서 놀아요. 가끔 카페나 음식점에서 주변 사람들이 신기하다는 듯 쳐다보기도 합니다. 저 가족은 무슨 말들이 저렇게 많은가 하는 눈으로요. (하지만 저도 언젠가 아이들이 변할 수 있다는 각오는 하고 있습니다.)

재미있는 대화를 지속하려면 서로가 공유하는 소재가 있어야 합니다. 사춘기 자녀와 부모가 공유할 수 있는 대화 소재에는 무엇이 있을까요? 생각보다 별로 없어요. 세대 차이는 무시하기 어렵습니다. 서로의 경험과 관심사가 다르니까요. 함께 공감할 수 있는 소재를 인위적으로 만들 필요가 있습니다. 이때 가장 쉬운 방법이 같은 책을 읽는 겁니다. 책을 소재로 대화할 수 있다면 서로 할 말이 무궁무진해집니다.

아이가 꾸준히 책을 읽는 편이라면 재미있는 책을 추천해 달라고 하세요. 저는 제 아이들이나 학생들에게 종종 책을 추천 받습니다. 학생들은 어른에게 책을 추천하는 기분이 어딘지 뿌듯합니다. 추천을 한다는 게 자신이 어른보다 뭔가 더 알고 있다는 기분이 들잖아요. 게다가 자신이 추천한 책을 부모님이나 선생님이 읽고 있는 모습을 본다면 진심으로 인정 받고 존중 받는 기분이 들지 않겠어요? 재미있는 책을 추천해 준 아이에게 감사를 표하면서 뒷이야기를 살짝 물어보거나 주인공에 대한 자신의 의견을 이야기해 보세요. 책을 먼저 읽은 아이는 책선배의 입장으로 너그럽게, 진심으로 즐겁게 대화에 참여할 겁니다.

책을 읽어 가면서 주제에 대한 의견, 재미있게 읽었던 부분, 인물에 대한 평가, 만약 나라면 어땠을지 등등 자연스럽게 대화를 이어 가세요. 책의 내용에 따라 대화는 끝없이 확장됩니다. 이 방법이 좋은 이유는 독서를 앞에서 이끌어가는 주체가 아이가 된다는 겁니다. 부모와 아이, 교사와 학생의 관계에서는 일반적으로 어른이 아이를 억지로 끌고 가는 느낌이 강합니다. 심한 경우에 아이가 질질 끌려가거나 거부하기도 하지요. 하지만 학생이 추천한 책을 함께 읽는 건 완전히 다른 느낌이죠. 아이는 주체적으로 독서를 하면서 부모님 또는 선생님에 대한 동질감과 심리적 안정감을 느낄 수 있습니다.

부모님이 먼저 읽은 책을 권하는 것도 좋습니다. 저도 이런 경우가 더 많아요. 너무 수준 높은 책, 공부에 도움이 되는 책만 권하지 마시고, 아이가 재미있게 읽을 수 있는 책을 추천해 보세요. 먼저 부모님이 재미있게 읽는 모습을 보여 주면 훨씬 더 효과적이죠.

아이와 같은 책을 읽으면 대화 소재를 공유하는 것 외에 책을 매개로 서로 연결되어 있다는 정서를 느낄 수 있습니다. 이야기책에 등장하는 빌런을 함께 욕하는 것도 좋지요. 우리가 왜 그 사람이 옳지 못하다고 생각하는지 가치관을 함께 나눌 수도 있습니다. 가족이 함께 경험했던 기억과 연결 지으면 유대감도 강해집니다.

책을 소재로 한 대화 시뮬레이션

아들에게 추천을 받아 《창문 넘어 도망친 100세 노인》을 읽고 있는 엄마의 이야기

엄마: 와, 뭐야! 이 100세 할아버지 너무 웃겨. 네 말대로 이거 진짜 재미있는데?

아들: 재밌죠? 지금 그 할아버지 어느 나라에 갔어요?

엄마: 지금 소련에서 스탈린한테 막말해서 끌려가고 있어. 너무 웃기긴 한데 이 사람 어떡해.

아들: 아! 근데 진심으로 걱정하고 있는 건 아니죠?

엄마: 하하, 사실은 걱정이 하나도 안 돼. 이 할아버지 이러다가 북한 가는 거 아니야?

아들: 앗! 스포 안 하려고 했는데!

엄마: 진짜 북한 가? 설마 김일성 만나는 건 아니겠지?

아들: 하하하! 아, 너무 말하고 싶은데? 그래도 더 묻지 말고 그냥 읽어 보세요. 뒤로 가면 더 웃겨요!

엄마: 근데 이 할아버지가 냉전 시대의 산증인이네. 이 작가 너무 대단 하다. 어떻게 이렇게 이야기를 다 끼워 맞췄지?

아들: 핵무기 만드는 이야기는 읽으셨죠? 말도 안 되는 이야기이긴 한 데 사실 역사에 어쩌면 이런 우연이 큰 역할을 했을 수도 있다는 생각 이 들어요.

엄마: 그렇겠지? 역사라는 큰 흐름 속에 어떤 인물의 결정 하나가 물줄 기를 바꾸었을 수도 있다고 생각하면 기분이 묘해.

아들: 역사에서 '만약에 이랬다면 어땠을까?'라는 가정은 의미가 없다 고 들었어요.

엄마: 그래도 재미는 있잖아. 음 있잖아 만약에….

책을 소재로 대화의 물꼬를 연다면 특정 주제에 대한 진지한 대화도 자연스러워집니다. 중학생들은 어른이 생각하는 것보다 사회 문제에 관심이 많습니다. 특히 정치, 경제 분야 이슈, 국제 뉴스에도 진지하게 반응합니다. 최근의 이슈를 주제로 대화를 나누어 보세요. 가르치려 하 지 마시고 수평적 관계에서 대화를 나누어 보세요. 그러면 아이는 자신 이 존중 받는다고 느끼며 자신의 의견을 말합니다. 재테크에 관한 관심 이 높아지면서 주식을 사 주는 부모님도 많으시죠. 주식을 주제로 경제 상황에 대한 이야기를 나누면 훨씬 더 현실적이고 구체적인 대화를 나눌 수 있습니다. 또 이러한 대화 주제와 관련 있는 책을 다시 찾아보면 함께하는 독서와 대화의 선순환이 이루어지게 됩니다.

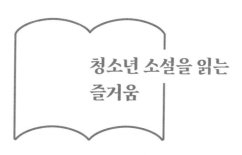

청소년 소설을 읽는 즐거움

중학생들이 읽으면 딱 좋을 만한 훌륭한 청소년 소설들이 많습니다. 창비, 문학동네와 같은 국내 출판사에서는 꾸준히 청소년 문학상을 공모하고 있지요. 《아몬드》, 《완득이》, 《페인트》, 《세계를 건너 너에게 갈게》 등과 같은 청소년 분야 베스트셀러가 모두 청소년 문학상 수상작입니다. 루이스 새커의 《구덩이》와 같은 미국의 뉴베리상 수상작 번역본들도 재미있습니다. 꼭 문학상 수상작이 아니더라도 많은 학생들이 재미있게 읽는 책으로 시작하세요.

청소년 문학은 대부분 청소년이 주인공으로 등장해서 다양한 시련을 겪으며 성장해 가는 모습을 그립니다. 소설 특유의 재미를 위해 특별한 상황을 설정한 경우도 있고, 주위에서 흔히 볼 수 있는 평범한 학생들이 주인공이 되기도 하죠. 중학생들은 소설 속에 등장하는 자신의 또래 인물에 감정이입을 하며 공감하고 위로 받습니다. 쉽게 말로 표현할 수 없었던 나만의 고민을 책 속에서 확인하기도 합니다. 현실 속에서 나를 힘들게 하는 친구가 책 속에서 등장하기도 하고, 이러한 상황을 현명하게 견디어 내는 주인공을 보면서 희망을 가지기도 하지요. 그리고 '나만 이런 것이 아니구나', '세상에는 나보다 힘든 친구들도 많구나'와 같은 성숙한 생각을 하는 계기가 되기도 합니다.

청소년 문학은 청소년 독자를 위해 쓰였기 때문에 대개 쉽게 읽히고 이야기 전개가 흥미롭습니다. 청소년에게 익숙한 어휘와 문투를 사용하는 경우가 많고, 문장 역시 가독성이 높은 편이죠. 책 자체도 두껍지 않아서 읽기에 익숙한 학생이라면 앉은 자리에서 뚝딱 읽기도 합니다. 중학생 시기에 청소년 소설을 읽으면 독서의 즐거움을 한껏 느끼고 읽기에 대한 자신감과 효능감을 높일 수 있습니다.

마냥 밝고 해맑던 아이가 중학생이 되면 점차 말수가 줄고 어두워질 때가 있습니다. 세상을 보는 눈이 생기고 미래를 진지하게 고민하고 자신의 정체성에 대해 고민합니다. 친구와의 관계 속에서 나의 위치를 확인하기 위해 발버둥치기도 합니다. 타인이 바라보는 나와 내가 생각했던 나, 부모님이 바라보는 내가 일치하지 않을 때 혼란에 빠지기도 하지요. 어른들은 쉽게 이해하기 어렵습니다. 어른들도 다 사춘기를 겪었을 텐데 마치 처음부터 어른이었던 것처럼 충고합니다. 저도 그런 어른이니 왜 그러는지 압니다. 내가 어렸을 때 그 시절이 잘 기억이 나지 않거나, 지나고 나니 이제 별로 대수롭지 않은 문제로 느껴지거든요.

다행히 세상에는 청소년기를 생생히 기억하고 있는 어른들이 있습니다. 저는 청소년 문학 작가님들께 너무나 고맙습니다. 요즘 청소년 문학은 꼰대처럼 가벼운 충고를 날리지 않더라고요. 묵묵히 아이들의 고민을 함께 겪어 내는 느낌이 듭니다. 아이들의 세계가 얼마나 진지하고 중요한지를 기억하고 존중합니다. 그리고 함께 힘들어하고 아파하는 미덕을 지니지요. 주인공이 문제를 시원하게 해결하든, 그렇지 않든 성장하는 모습을 보여 줍니다.

청소년 소설은 어떤 마무리를 보여 주든 '엔딩'이 없다고 생각합니다. 청소년 소설을 읽으면 유독 뒷이야기를 궁금해하고 자기 나름대로 그려 보게 됩니다. 시간이 지나면서 우리의 주인공은 계속해서 변화하겠지요. 어떤 모습이든 아이가 성장하는 방향의 변화임을 믿습니다. 믿음과 관심의 눈으로 청소년을 바라보는 청소년 문학은 그래서 단순한 판타지가 아닌 어른의 소망과 세상이 품은 희망입니다.

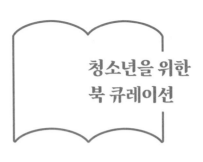

청소년을 위한
북 큐레이션

중학생은 책을 고르기도 쉽지 않습니다. 아동 도서에서 성인 도서로 넘어가는 과도기니까요. 책을 읽고 싶어도 무슨 책을 읽을지 몰라 방황하기도 하지요. 갑자기 중학생다운 책을 읽으려다가 자신감을 잃기도 합니다. 1학년 학생들은 초등 고학년 시기에 읽던 책을 계속 읽다가 청소년 문학을 읽기 시작하면 됩니다. 중학생을 위해 쉽게 쓰여진 지식책을 천천히 읽기 시작하면 더 좋지요. 2학년, 3학년이 되면서 서서히 성인 도서로 수준을 높여 갑니다. 때로는 수준 높은 고전에 도전해 보는 것도 좋습니다. 훌륭한 고전을 완독하게 되면 독서의 수준이 껑충 뛰어올라갑니다. 항상 도전하는 마음으로 책을 읽을 필요는 없습니다. 쉽고 가벼운 책도 좋은 책입니다. 다양한 책을 읽되 좋아하는 분야가 생기면 깊이 있는 독서를 하게 되기도 합니다. 독서를 통해 진로를 명확히 하고, 자신의 흥미와 적성을 발견한다면 이보다 좋을 수는 없겠지요.

테마별로 몇 권의 책을 추천합니다. 도서명 옆에는 수월하게 읽히는 정도를 표시해 두었습니다. 흔히 이야기하는 난이도와는 좀 다릅니다. 크게 힘들이지 않아도 술술 읽히는 책, 다소 집중해서 읽어야 재미를 느낄 수 있는 책, 높은 수준의 집중력을 필요로 하는 책으로 나누었습니다. 평소 높은 수준의 책을 쉽게 읽는 아이도 피곤한 날은 수월하게 읽히는 책을 읽고 싶잖아요. 가벼운 책을 즐겨 읽는 아이도 때로는 집중을 요하는 책을 읽으며 자부심을 느끼고 싶습니다. 절대적인 기준은 아니니 참고로 활용하시면 좋겠습니다.

자아정체성과 진로에 대해 생각해보게 하는 책

크게 힘들이지 않아도 술술 읽히는 책 《아몬드》 손원평 지음, 창비

너무나 유명한 베스트셀러인 만큼 몰입감 있게 읽힙니다. 중학생들에게 좋아하는 책을 물으면 많은 학생들이 이 책을 꼽습니다. 감정을 느끼지 못하는 주인공이 성장하는 이야기인데요, 공감한다는 것은 무엇인지, 위로가 된다는 것은 무엇인지 생각해 보게 합니다. 감정을 느낄 줄 아는 나는 주인공보다 인간적이라 할 수 있을까. 나 자신과 타인의 관계에 대해 깊이 있는 생각을 하게 합니다.

크게 힘들이지 않아도 술술 읽히는 책 《**구덩이**》 루이스 새커 지음, 창비

놀라울 정도로 몰입감이 높은 소설입니다. 세 가지 이야기가 씨줄과 날줄처럼 엮여 멋진 태피스트리를 완성합니다. 주인공 소년 스탠리는 자신감도 없고 희망도 없지만, 무엇보다 불운합니다. 하지만 선하고 따뜻한 마음을 가지고 있지요. 스탠리가 불운을 탈출하는 것은 단지 운이 좋아져서가 아닙니다. 행운은 선의와 친절에서 비롯됩니다. 스스로가 부족하고 불운하다고 생각하는 아이들이 있다면 용기를 얻을 수 있습니다.

크게 힘들이지 않아도 술술 읽히는 책 《**뭐가 되고 싶냐는 어른들의 질문에 대답하는 법**》 알랭 드 보통 • 인생학교 지음, 미래엔아이세움

진로에 대해 막연한 불안감을 가지고 있는 아이들에게 직접적이고 구체적 조언을 전하는 책입니다. 청소년기의 진로는 자아정체성과도 연결됩니다. 내가 어떤 사람인지, 내가 좋아하는 것은 무엇인지, 내가 잘하는 것은 무엇인지를 알아 가며 진로를 생각하게 되는 것이죠. 이 책은 진부하지 않게 현실적인 이야기를 들려주면서도 학생들에게 위로와 응원을 전합니다. 진로를 고민하는 아이들에게 권합니다.

다소 집중해서 읽어야 재미를 느낄 수 있는 책 《**골드피쉬 보이**》 리사 톰슨 지음, 블랙홀

주인공 소년 매튜는 사회 생활을 하기 어려울 정도로 심한 결벽증과 강박증을 앓고 있습니다. 이 책은 미스터리의 구조를 가지는데요 첫째,

왜 주인공이 결벽증을 가지게 되었는지 둘째, 이웃에서 일어난 사건의 범인은 누구인지에 대한 호기심을 끊임없이 유발합니다. 흥미롭고 속도감 있게 전개되기 때문에 시간 가는 줄 모르고 읽게 됩니다. 주인공 매튜가 자기 자신을 발견하고 성장하는 모습이 감동적입니다.

친구 관계를 생각해보게 하는 청소년 문학

크게 힘들이지 않아도 술술 읽는 책 《행운이 너에게 다가오는 중》 이꽃님 지음, 문학동네

아이들은 종종 자신이 운이 없다고 생각합니다. 자신의 상황을 불평하기도 하죠. 어려운 상황에서도 옆에 있는 친구가 함께 힘이 되어 준다면 그 자체가 행운이 아닐까요? 복권 당첨보다 소중한 연대의 이야기입니다.

크게 힘들이지 않아도 술술 읽는 책 《나를 팔로우 하지 마세요》 올리버 폼마반 지음, 뜨인돌

인스타그램, 페이스북, 트위터 등 수많은 SNS에 몰입하는 아이들을 위한 책입니다. 인스타그램 속의 나와 현실 속의 나. 진짜 나는 어디에 있을까요? 인스타그램에 갇혀 있다고 느끼는 주인공이 진정한 자신을 찾기 위해 벌이는 시원시원한 소동이 읽는 이를 유쾌하게 합니다.

크게 힘들이지 않아도 술술 읽는 책 《사랑에 빠질 때 나누는 말들》 탁경은 지음, 사계절

청소년기는 이성에 대한 관심이 커지는 시기입니다. 요즘 아이들은 초

등 고학년부터 이성 친구를 사귄다고 하더군요. 마음에 드는 이성 친구와 가까워지고 싶은 마음이 생기는 것은 자연스럽습니다. 이성 관계, 친구 관계, 부모와의 관계, 공부에 대한 고민 등 청소년이 느낄 법한 다양한 감정을 잔잔하게 다루어 공감을 느낄 수 있습니다.

크게 힘들이지 않아도 술술 읽히는 책 《모범생의 생존법》 황영미 지음, 문학동네

학교에서 큰 말썽 없이 열심히, 그리고 조용히 살아가는 모범생은 아이러니하게도 큰 관심 대상이 아닙니다. 특별히 잘 나가는 것도 아니고 튀지도 않는 수많은 아이들이 공감할 수 있는 책입니다. 평범한 아이들이 서로에게 힘이 되어 주고 그들만의 문제를 헤쳐 나가는 모습이 잔잔한 감동을 줍니다.

청소년이 도전해 볼 만한 완역본 고전 문학

크게 힘들이지 않아도 술술 읽히는 책 《동물농장》 조지 오웰 지음, 민음사

얇고 재미있는 우화 형식으로 처음 도전해 볼 만한 완역본입니다. 이 책은 특별한 사전 지식이 없어도 그 의미를 유추해 보기 좋습니다. 부모님과 함께 읽고 이야기하거나 친구들과 토론하기에도 좋은 책입니다.

크게 힘들이지 않아도 술술 읽히는 책 《왕자와 거지》, 《톰 소여의 모험》 마크 트웨인 지음, 민음사

마크 트웨인은 청소년 소설을 많이 쓴 작가죠. 완역본으로 읽어도 어렵지 않고 스토리가 흥미진진해서 쉽게 잘 읽힙니다. 워낙에 유명하고 재미있는 내용이기 때문에 부담 없이 읽을 수 있습니다.

크게 힘들이지 않아도 술술 읽히는 책 《비밀의 화원》 프랜시스 호지슨 버넷 지음, 더스토리

자신 안에 고립된 채 살아가던 아이들이 아름다운 자연 속에서 건강하게 성장해 가는 매력적인 스토리입니다. 비밀의 화원이 열리듯 아이들의 마음이 열리게 되지요. 이 책의 완역본을 읽고 있으면 아름다운 정원이 눈에 보이고 향기로운 꽃향기가 나는 듯합니다. 새소리도 들리지요. 오감이 만족하는 멋진 고전입니다.

다소 집중해서 읽어야 재미를 느낄 수 있는 책 《멋진 신세계》 올더스 헉슬리 지음, 소담출판사

조지 오웰의 《1984》와 비교할 수 있는 디스토피아 소설입니다. 개인적으로 《1984》보다는 분위기가 좀더 밝고 재미있었습니다. (그래도 결말은 우울합니다.) 현재 우리의 삶과 비교하면서 다양한 질문을 떠올려 보는 재미가 있습니다. 읽기 시작하면 계속 뒤가 궁금해지고 마치 영화를 보는 듯한 느낌이 들어 술술 잘 읽힙니다.

다소 집중해서 읽어야 재미를 느낄 수 있는 책 《작은 아씨들》 루이자 메이 올컷 지음, 알에이치코리아

네 명의 개성이 강한 자매들과 따뜻한 어머니의 모습을 보고 있으면 잔잔한 감동이 밀려옵니다. 여학생이라면 네 주인공 중 한 명에게 감정

이입을 하게 됩니다. 여러 차례 영화화된 만큼 많은 사람이 공감하고 사랑하는 스토리입니다. 잔잔하고 따뜻한 에피소드들이 펼쳐져 편안하게 읽기 좋은 고전입니다.

미래를 준비하는 청소년이 읽으면 좋은 SF 소설

크게 힘들이지 않아도 술술 읽히는 책 《**천 개의 파랑**》 천선란 지음, 허블

기수로 만들어진, 그러나 특별한 인공지능 로봇 콜리의 이야기입니다. 근미래 SF 소설로 사람을 닮은 로봇 이야기가 친숙한 듯하면서도 호기심을 자아냅니다. 로봇과 말의 교감, 로봇과 사람의 교감, 그리고 사람과 사람의 이야기. 결국 이 책은 우리 마음에 관해 이야기합니다. 등장인물들을 하나하나 성의껏 바라보는 작가의 시선이 따뜻합니다. 지루할 틈 없이 빠르고 몰입감 있게 전개되는 이야기가 읽는 즐거움을 선사합니다.

다소 집중해서 읽어야 재미를 느낄 수 있는 책 《**지구 끝의 온실**》 김초엽 지음, 자이언트북스

더스트라는 재앙으로 지구가 멸망의 위기를 겪으면서 일어난 일을 다룬 포스트 아포칼립스 소설이자 근미래를 다룬 SF 소설입니다. 환경 오염, 기후 위기의 문제가 가깝게 다가오는 현대에 사는 우리에게 그저 꾸며낸 이야기로 느껴지지 않습니다. 하지만 마냥 어두운 이야기가 아니라 사람의 마음, 사람 간의 연대와 희망을 생각하게 합니다. 스토리

가 몰입감이 높고 흥미진진해서 재미있게 읽으면서도 깊이 있는 생각을 하도록 유도합니다.

다소 집중해서 읽어야 재미를 느낄 수 있는 책 **《클라라와 태양》** 가즈오 이시구로 지음, 민음사

노벨상 수상자인 가즈오 이시구로가 청소년을 위해 쓴 소설입니다. 주인공 클라라는 아이들의 친구가 되기 위해 만들어진 인공지능 로봇입니다. 클라라는 조시라는 소녀의 친구가 되는데요, 조시는 건강이 좋지 않아요. 클라라는 조시가 건강해지기를 진심으로 바라고 헌신합니다. 이야기는 마치 추리 소설처럼 궁금증을 불러일으키며 생각지도 못한 방향으로 진행되지요. 인간보다 더 인간다운 클라라의 사랑이 가슴 뭉클합니다. 어쩌면 정말 우리가 앞으로 경험할지도 모르는 근미래의 이야기를 읽으며 많은 생각을 하게 됩니다.

청소년이 도전해 볼 만한 비문학 도서

다소 집중해서 읽어야 재미를 느낄 수 있는 책 **《정재승의 과학콘서트》** 정재승 지음, 어크로스

청소년 도서, 과학 분야 도서의 베스트셀러입니다. 중학생에게 과학책으로 가장 먼저 추천하는 책입니다. 흥미로운 주제를 다루고 쉽게 읽히기 때문에 과학에 대한 흥미를 높이고 자신감을 키울 수 있습니다. 정재승 교수님의 책을 좋아한다면 《열두 발자국》도 권합니다.

`다소 집중해서 읽어야 재미를 느낄 수 있는 책` **《도시는 무엇으로 사는가》** 유현준 지음, 을유문화사

건축가의 눈으로 바라보는 도시를 다룹니다. 세상을 다양한 시각으로 바라보는 경험이 즐겁습니다. 무엇보다 내용이 어렵지 않고 직관적으로 이해할 수 있게 서술되어 있습니다. 이 책을 읽고 나면 우리 동네를 바라보는 눈이 달라져 있을 겁니다.

`높은 수준의 집중력을 필요로 하는 책` **《코스모스》** 칼 세이건 지음, 사이언스북스

청소년이 도전하기 쉽지 않은 책일 수도 있습니다. 두꺼운 책을 시도할 용기가 있다면 앞부분이라도 읽어 보기를 권합니다. 단연 모두가 강력하게 추천하는 최고의 과학책입니다. 많은 과학자들이 청소년기에 이 책을 읽고 과학자를 꿈꾸었다고 하지요.

`높은 수준의 집중력을 필요로 하는 책` **《최소한의 선의》** 문유석 지음, 문학동네

법에 대한 주제와 사회 문제를 쉽게, 그러나 깊이 있게 다룬 책입니다. 이 책 한 권만 읽어도 법과 정치에 대해 멋지게 아는 척을 할 수 있을 거라 생각합니다. 법을 좋아한다면 《미스 함무라비》등 문유석 작가님의 다른 책도 권합니다.

`높은 수준의 집중력을 필요로 하는 책` **《사피엔스》** 유발 하라리 지음, 김영사

정말 유명한 책이지만 청소년들에게 다소 어렵고 두껍게 느껴질 수 있습니다. 역사적 내용을 바탕으로 한 과학적 통찰이 매력적인 책입니다.

나 자신을 포함한 인류의 정체성과 미래에 대해 생각해 볼 기회를 제공합니다. 독서 경험이 많은 중학교 2, 3학년이라면 재미있게 읽을 수 있으리라 생각합니다.

높은 수준의 집중력을 필요로 하는 책 《페르마의 마지막 정리》 사이먼 싱 지음, 영림카디널

페르마의 마지막 정리를 풀기 위해 인생을 바친 수학자들의 노력과 수학의 역사를 다룬 책입니다. 수학을 좋아하지 않더라도 재미있게 읽을 수 있는 책입니다. 읽고 나면 수학을 좋아하게 될지도 모르겠습니다. 무리수 개념이 익숙한 중학교 3학년 이후의 학생들에게 권합니다.

7장

내면의 재산,
내 인생의 책

독서에서 정작 중요한 것은 세간의 평가와 합치되는지 여부가
아니라, 오직 기쁨을 맛보고 자기 내면의 재산에 또 하나의 소
중한 보물을 새로이 추가한다는 바로 그 점이 아니겠는가!
– 《헤르만 헤세의 책이라는 세계》, 헤르만 헤세 지음, 뜨인돌출판사

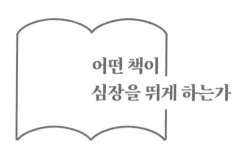

어떤 책이
심장을 뛰게 하는가

저는 보통 온라인 서점에서 책을 삽니다. 직접 서점에 가면 더 좋겠지만 발품을 팔지 않을 수 있다는 편의성에 의지하는 셈입니다. 하지만 곰곰이 생각해 보면 이것이 온라인 서점에서 책을 구매하는 유일한 장점은 아닙니다. 책을 손에 넣어 직접 펼쳐보기 전까지 과연 이 책이 좋은 책인지는 알 수가 없지요. 엄청난 보물일 수도, 그저 그런 스쳐가는 텍스트 묶음일 수도 있습니다. 이 불확실성이 주는 설렘이 적지 않더군요.

이 세상에는 엄청나게 많은 책이 있고 또 날마다 수많은 책이 쏟아져 나오지만 나와 인연이 닿는 책은 그중 일부에 불과합니다. (이렇게 생각하면 별 의미 없이 스쳐 지나간 책들조차 소중히 생각하게 됩니다.) 그리고 내가 만난 책들 중 내 인생을 조각하는 보물 같은 책은 또 극히 일부에 지나지 않습니다. 인생책을 발견한다는 것은 얼마나 멋진 일인지요. 서문을 읽는 순간 가슴이 두근거리고 벅차오르는 기분. 그 벅참에 슬쩍 눈물이 맺힐 때가 있습니다. 아직 구체적인 내용으로 감동을 한 것도 아닌데 미리 그 감동을 예상하며 벅차오르기도 합니다.

최근에 책 두 권을 샀습니다. 한 권은 유명한 작가님이 쓰신 에세이였는데 제목까지 마음에 와닿아서 망설임 없이 장바구니에 넣었지요. 드디어 책이 도착하자마자 들뜬 마음으로 상자를 열고 책을 꺼내 표지를 넘겼습니다. 그런데 제가 생각했던, 기대했던 책이 아닌 거예요. 작가님의 깊이 있는 철학을 들여다보고 싶었는데 제게는 너무 가볍게 느껴졌습니다. 딱딱해져 버린 저의 생각을 깨 주거나 적어도 부드럽게 녹여 주는 소소한 불길을 기대했던 거지요. 하지만 프롤로그를 읽자마자 실망감이 훅 끼쳐 왔어요. 한 챕터, 두 챕터를 속도 내서 읽어 내려갔지만 읽을수록 내가 얻을 수 있는 것이 없다고 생각하게 되었습니다.

아쉽지요, 기대한 만큼 속상합니다. 이건 절대로 작가님의 탓이 아닙니다. 책은 독자와의 관계 속에서 만들어집니다. 이 책은 제게 의미 있는 책이 아니었을 뿐이죠. 잘못된 만남이라고까지 말할 수는 없지만, 살짝 아쉬운 만남일 수는 있습니다. 혹시 몰라 뒷부분을 좀 더 자세히 읽어 보았는데, 이 책은 나를 위한 책이 아니라는 확신이 들었고 미련 없이 덮었습니다. 소중한 인연이었지만 우리는 이렇게 스쳐지나가는구나! 안녕, 누군가에게 울림을 주기를 진심으로 바라!!

아쉬운 마음으로 두 번째 책을 펼쳤습니다. 수학 선생님과 대화를 나누다가 큰아이가 읽으면 좋겠다 싶어서 구입한 《페르마의 마지막 정리》입니다. 수학에는 그다지 관심이 없어서 별 기대 없이 첫 페이지를 열었는데 마음이 툭 하고 무심히 열리더니 갑자기 가슴이 두근거리는 거죠. 서문을 읽으면서 깨달았습니다. 이번엔 월척이로구나! 어이없이 눈물샘에 미세한 자극이 가해지는 것을 느꼈습니다. 벌써 밑줄을 그어야 할 부분이 나타났어요. 나라는 사람을 만들어 가는 새로운 조각이 시작될 거라는 강한 예감. 이 책을 읽고 수학에 관심이 생겨 관련 책을 계속 찾아 읽고 있습니다. 이러한 즐거운 경험이 쌓여 끊임없이 책을 읽는 게 아닌가 싶습니다.

책 추천은 어렵습니다. 책에서 느끼는 주관적인 정서를 공유할 수 있는지의 문제니까요. 개인적으로 많은 사람이 좋다고 하는 베스트셀러에서 별 감흥을 느끼지 못할 때가 많습니다. 내가 아무리 좋아하는 책이라도 다른 이에게는 재미없는 책일 수 있는 것이죠. 책의 가치는 개인의 역사에 종속됩니다. 그래서 책에 대한 평가를 함부로 내리기 어렵습니다. 중요한 것은 '나에게 의미 있는 책인가', '내 영혼을 두드리는 책인가', '이 책을 읽을 때 가슴이 두근거리는가'와 같은 개인의 정서이기 때문입니다.

저는 현대 소설이나 에세이, 자기계발서에서 쉽게 감흥을 느끼지 못합니다. 반면 과학책은 두근거리며 읽게 됩니다. 톨스토이와 밀란 쿤데

라의 책은 가슴을 벅차오르게 하지요. 무엇보다 철학책을 읽을 때는 나를 새로 조각하는 강렬한 쾌감을 느낍니다. 그렇다고 에세이나 자기계발서를 항상 제쳐두어서는 안 되지요. 평소 읽지 않던 분야의 책에도 분명히 보물이 숨어 있을 것이기 때문입니다. 저자나 분야, 표지를 보고 책의 가치를 함부로 판단하는 것은 위험한 일입니다. 그래서 책을 고르는 것은 어렵습니다.

한편 책을 고르기는 쉽습니다. 계속 시도하면 되니까요. 가끔 낚시하는 사람보다 끊임없이 계속해서 그물을 던지는 사람이 월척을 건질 확률이 높겠지요. 제가 그동안 낚은 월척, 심지어 뱃속에 보석을 품고 있는 엄청난 월척들은 그렇게 얻은 것입니다.

이번에는 책 두 권 중 한 권을 건졌습니다. 50퍼센트의 확률이라면 엄청나지요. 인생을 건 낚시에서 이 정도면 대박이라 할 수 있습니다. 확실한 건 낚시 기술도 계속 발전한다는 겁니다. 그래서 좋은 책을 고르는 건 즐거운 일입니다.

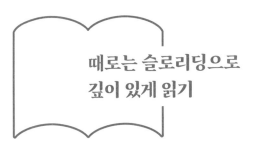

때로는 슬로리딩으로
깊이 있게 읽기

흔히 우리나라 사람들의 특징을 '빨리빨리'라는 말로 요약하죠. '빨리빨리' 문화는 밝은 면과 어두운 면을 동시에 지니기 때문에 무조건 나쁘다고만 할 수는 없을 겁니다. 덕분에 우리가 이렇게 빠른 성장을 이룰 수 있었으니까요. '빨리빨리' 문화는 우리 교육 전반에까지 폭넓은 영향력을 행사합니다. 우리 아이들은 빠른 속도로 배우고 발전해야 합니다. 그래서 정규 교육과정의 속도가 답답하고 불안한 부모님들은 남보다 더 빨리 배우도록 선행을 시키지요. 그래야 앞서 나갈 수 있다고 생각합니다. 스스로 깊이 생각할 시간은 없습니다. 어느 정도 이해했으면 다음으로 넘어가야 하니까요. 문제도 빨리 읽고, 빨리 풀어야 합니다. 똑똑해지려면 책을 많이 읽어야 하고, 시간은 없으니 빨리 읽어야죠.

빨리, 많이 읽는 것이 정답일까요. 책 한 권을 느리게, 천천히 읽는 슬로리딩은 전혀 다른 독서법을 제시합니다. 일본 지방 소도시의 나다 학교가 도쿄대 합격자 수 1위를 기록하고, 수많은 사회 지도층 인사를 배출하자 그 비결에 관심이 쏠립니다. 바로 국어 교사 하시모토 다케시의 슬로리딩 교육법 덕분이었다는 거죠. 중학교 3년 동안 소설《은수저》한 권을 깊이 있게 파고드는 방법으로 놀라운 효과를 본 겁니다. 몇 해전 우리나라에서도 슬로리딩을 다룬 EBS 다큐멘터리가 큰 반향을 불러일으켰고 이후 학교에서도 슬로리딩 교육법이 강조되었습니다.

천천히, 깊이 있게

슬로리딩 독서법은 책을 빨리, 많이 읽는 것에 초점을 맞추던 우리 교육 문화에 새로운 방법론을 제시했다는 점에서 중요한 의미를 지닙니다. 1년에 몇 권의 책을 읽느냐는 질문은 적절하지 않을지도 모릅니다. 중요한 것은 책을 얼마나 깊이 있게 읽었는가, 그리고 그 책이 나의 삶에 어떤 의미가 있었는가입니다. 진도를 빼는 것에만 급급한 우리 학교 현장에 '한 학기 한 권 읽기'나 '온책읽기' 등의 교육 방법이 도입되는 것은 바람직하다고 봅니다.

하지만 모든 책을 꼭 천천히, 깊이 읽어야 한다는 생각은 다소 부담스럽습니다. 독서가 너무 진지하게 느껴지잖아요. 독서를 통해 배우고 성장하는 건 좋은 일이지만 항상 그런 마음으로 책을 읽어야 한다면 저라도 책을 가까이하기 어려울 것 같아요. 머리를 식히고 스트레스를 풀려고 읽을 때도 있지요. 그냥 심심풀이로, 재미로 책을 읽으면 어떻습니까. 또 우리가 선택한 모든 책이 천천히, 진지하게 읽을 만한 책이 아닐 수도 있습니다. 언제나 양서나 고전만 고를 수는 없는 거니까요. 어떤 경우에는 대충 훑어봐도 괜찮을 때도 있어요. 읽다가 건너뛰면서 읽어도 혼나거나 잡혀가지 않습니다.

책을 읽는 방법도 균형이 필요합니다. 가볍고 빠르게 읽을 수도 있어야 하고, 때로는 천천히 깊이 있게 읽을 수도 있어야 합니다. 독자로서 주도권을 가져야 하지요. 나의 필요에 따라, 책의 종류나 성격에 따라 결정하면 됩니다. 때로는 진지하고 깊게 읽으려고 시작했으나 읽다 보니 그 정도로 에너지를 쏟을 필요가 없겠다고 판단하면 가볍게 훑어봐도 됩니다. 시대에 따라 다양한 독서법이 유행하지만, 책을 읽는 방법에 정답이란 존재하지 않습니다. 독서는 독자와 책 둘만의 상호작용이니까요.

다만 슬로리딩은 한 번 더 중요하게 생각해 볼 만합니다. 우리 사회의 문화나 현대의 환경이 천천히 깊이 있게 생각하는 데 익숙하지 않기 때문입니다. 진짜 성장은 제대로 된 책 한 권을 온전히 내 것으로 만들 때 이루어집니다. 그래서 평소 가볍고 빠른 독서를 즐기는 분도 때로는 검증된 좋은 책을 천천히 깊이 읽도록 권하고 싶습니다. 일 년에 한 권이면 훌륭합니다. 큰 욕심이나 부담을 내려놓고 이 책과 내가 대화를 한다고 생각해 보세요.

평소 쉽고 익숙하게 읽을 수 있는 책보다 살짝 수준이 높으면 더 좋습니다. 칼 세이건의 《코스모스》나 존 스튜어트 밀의 《자유론》과 같은 책은 어떨까요? 저는 《자유론》을 처음 읽고 생각지도 못한 감동에 눈물을 흘렸던 기억이 있습니다. 제게 존 스튜어트 밀은 무덤 속의 천재가 아니라 살아 있는 열정적인 활동가입니다. 한 줄 한 줄에서 느껴지는 거장의 장엄한 목소리는 잠들어있는 뇌를 일깨워 주고 심장을 울립니다.

혼자서 읽기 힘들면 독서 모임이나 동아리를 통해 다른 사람과 함께 읽는 것도 도움이 됩니다. 수준 높은 책을 천천히, 깊이 읽는 것은 쉬운 일이 아니지요. 아무리 좋은 책도 계속 재미있을 수는 없어요. 집중력이 흐트러질 수도 있고 지루한 순간도 찾아옵니다. 이때 누군가와 함께 책을 읽는다면 힘든 순간을 넘기는 힘을 얻을 수 있습니다. 슬로리딩 자체가 학교 선생님의 교육법이잖아요. 다양한 활동을 함께하며 선생님과 친구들이 함께 읽은 거예요. 슬로리딩은 웬만큼 숙련된 독서가나 학자가 아니라면 개인이 하기 쉬운 방법은 아닙니다. 서로에게 응원이 되어 줄 사람들이 함께한다면 어렵지 않게 언덕을 오를 수 있습니다.

슬로리딩이 좋다고 해서 반드시 책을 천천히 진지하게 읽어야 한다는 부담을 가지지 마세요. 어떤 교육법이나 슬로건이 이름처럼 꼭 거창한 것만은 아닙니다. 그저 꾸준히 독서를 하다 보면 나도 모르게 슬로리딩을 실천하고 있을 거예요. 특히 독서를 통해 집중력을 높이다 보면 빠르게 읽으면서도 필요에 따라 정독을 하게 됩니다. 책을 읽으며 감동을 받고 즐거움을 느끼며 새로운 생각을 하게 되었다면 그게 바로 가장 좋은 독서법입니다.

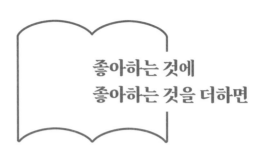

좋아하는 것에
좋아하는 것을 더하면

앞서 책 읽는 루틴을 이야기했습니다. 루틴은 무엇이든 꾸준히 지속하는 힘이 되어 줍니다. 이제 여기에 나의 취향을 더해 보면 어떨까요? 책 읽는 시간을 기다려지는 시간, 즐거운 시간, 힐링의 시간으로 만들 수 있습니다.

저에게는 두 가지 독서 루틴이 있습니다. 첫 번째는 휴일 오전의 독서 시간입니다. 아침을 먹고 치우고 나면 유튜브에서 카페 음악을 찾아 틀어 놓고는 핸드밀로 원두를 갈아요. 사각사각 연필 깎는 소리가 나면서 은은한 드라이 아로마가 퍼집니다. 그리고 정성을 다해 커피를 내리죠. 주말 오전 집 안을 가득 채운 커피 향과 여유 있는 재즈 음악에 주중의 피로가 다 풀리는 듯합니다. 커피를 내린 후에는 거실 테이블에 독서대, 밑줄 그을 때 필요한 자와 펜을 세팅합니다. 읽을 책을 골라 올려놓은 후 책의 표지와 가장 잘 어울리는 커피잔에 커피를 천천히 따릅니다. 그리고 책을 읽으면 머리뿐만 아니라 심장까지 채워지는 듯한 충만한 기분이 들지요.

두 번째는 자기 전 독서 시간입니다. 저는 잘 준비를 모두 마친 후에 책을 읽어요. 깨끗하게 씻고 난 후에 그날 기분에 맞는 향기를 입습니다. 향이 나는 바디로션을 바르기도 하고, 읽고 있는 책과 어울리는 향수를 뿌리기도 합니다. 베개에 뿌리는 필로우 미스트도 좋아하는 아이템입니다. 유달리 피곤할 때는 아로마 오일을 사용하기도 합니다. 자기 전 독서는 침대 위에서 합니다. 깨끗한 기분으로 좋아하는 향기 속에서 책을 읽고 있으면 하루의 피로가 싹 가시는 기분이 들어요. 이때는 음악을 틀어 놓지 않고 오직 책만 읽습니다. 고요한 느낌이 더 좋더라고요. 예전에는 자기 전 독서는 항상 아이들 방에서 함께했지만 둘 다 중학생이 되고 나서는 각자 방에서 책을 읽습니다. 제 방에서 혼자 책을 읽는 시간에는 가족들도 대개 방해하지 않는 편입니다. 잠이 오면 아이들에게 인사를 하고 잠자리에 듭니다. 책을 읽고 잠을 자면 더 쉽게 잠이 드는 것 같아요.

좀 다른 이야기이지만 마키아벨리는 자신이 읽는 책의 작가가 살던 시대의 복장을 차려입기도 했다고 하네요. 대단한 성의라고 하지 않을 수 없습니다. 얼마나 진지한 태도로 책과의 만남을 준비했는지 짐작해 볼 수 있습니다.

책 읽는 루틴은 독서를 지속할 수 있게 도와줍니다. 여기에 좋아하는 커피나 차를 함께 하거나, 편안한 음악을 더하는 겁니다. 좋아하는 향기를 더하기도 하고요. 책을 읽으면서 스스로를 귀하게 대접하고 대접받는 느낌을 받아 봅니다. 현대인은 나이나 직업과 상관없이 모두가 스트레스를 끼고 살지요. 책 읽는 루틴에 취향을 더하면 읽는 시간은 동시에 힐링의 시간이 됩니다. 내가 무엇을 좋아하는지 진지하게 생각하는 시간을 가져 보세요. 자신의 취향을 발견하는 것은 정체성을 형성하고 자존감을 높이는 데 도움을 줍니다. 책을 읽는 것은 누군가의 지식이나 생각을 받아들이기 위함이 아닙니다. 나에 대해 생각하고, 나를 발견하고, 나를 성장시키기 위함이지요. 좋아하는 책과 취향을 결합해 보세요. 책 읽는 시간이 한결 편안하고 즐거워질 겁니다.

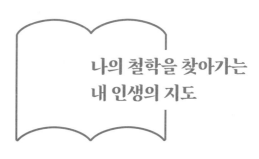

나의 철학을 찾아가는
내 인생의 지도

나는 왜 책을 읽을까. 시작은 '재미'있어서입니다. 어린 학생들은 그저 재미로 책을 읽으면 됩니다. 책을 읽다가 감동해서 눈물도 흘려 보고 깔깔 소리 내 웃어도 봅니다. 예상치 못한 반전에 깜짝 놀라거나 손에 땀을 쥐며 다음 페이지를 넘겨 봅니다. 이렇게 재미있게 읽다 보면 나도 모르게 '성장'을 하게 되지요. 의도치 않아도 어휘력이 늘어나고 책을 술술 읽게 되어 문해력이 높아집니다. 무엇보다 뇌가 고루 발달합니다. 사고력과 상상력이 향상되고 배경지식도 늘어나고요. 진득하게 앉아 어려운 공부를 해 낼 만한 인내와 성실함, 집중력을 갖추게 됩니다.

책을 읽으면 좋다는 이야기는 이 책 전체에 걸친 주제이고 모두가 동의하는 바이지요. 이제 독서를 하는 가장 중요한 이유로 마무리하려고 합니다. 책을 읽는 이유는 나를 찾기 위해서입니다.

앞서 철학을 지닌 사람에 대해 이야기한 바가 있습니다. 나만의 철학을 가진다는 것을 거창하게 생각할 필요 없습니다. 어떤 대상을 바라보는 눈과 생각하는 큰 틀을 가지는 것입니다. 여기서 우리가 바라보는 대상을 편의상 둘로 나누어 보겠습니다. 하나는 나의 외부 세계이고, 다른 하나는 바로 나 자신의 내면입니다.

세계관과 자아관

세상을 바라보는 생각의 틀을 세계관이라고 합니다. 일반적으로 동양인들은 세계를 순환하는 체계로 보았습니다. 불교의 윤회 세계관을 그 예로 들 수 있습니다. 반면 서양인들은 세계가 일직선상으로 진보한다고 생각합니다. 예를 들면 마르크스는 역사를 계급과 계급의 투쟁으로 보았는데, 가장 진보한 단계가 공산주의라 보았습니다. 현대 기계주의 세계관은 인류가 과학 기술의 발달로 모든 문제를 해결하며 무한히 발전하리라 생각합니다. 이러한 서양 중심의 진보적 세계관에 대한 비판과 반성으로 동양의 세계관이나 생태주의가 주목 받기도 합니다.

세계관은 사회 철학이나 역사 철학, 경제사상, 과학이나 문화 인류학, 그리고 종교학 등의 다양한 분야의 책을 읽으며 형성됩니다. 저는 주류 경제학과 마르크스주의를 읽으며 왔다 갔다 했고, 민주주의와 공화주의, 마키아벨리가 정치 현실을 고민하게 했습니다. 리처드 도킨스의 책을 읽으며 세상의 질서 이면의 모습에 두 눈을 번쩍 뜨는 듯했고, 유발 하라리 저서를 읽으며 역사를 바라보는 새로운 시각을 얻었습니다. 공자와 장자, 불교 철학을 읽으며 서양 철학에서 채우지 못한 허기를 달래기도 했지요. 일곱 빛깔이라 정의할 수 없을 정도로 수많은 생각의 스펙트럼이 합쳐져 세상을 바라보는 시각이 만들어집니다. 그리고 이 세계관의 빛깔은 미세한 조정을 거치며 끊임없이 변화합니다.

용감하게 세상을 바라보다가 어느 순간 철이 들더니 자신이 없어졌습니다. 내가 어떤 사람인지 나 자신도 아직 잘 모르는데 세상을 논하는 것이 가능한가. 이제 나 자신을 들여다보게 되더라고요. 나의 내면을 들여다보는 생각의 틀을 자아관이라 할 수 있습니다. 한때는 세상을 회의적으로 바라보던 제 생각을 대놓고 드러내 상처에 소독약을 들이붓는 쇼펜하우어에게 격렬히 끌리기도 했습니다. 그보다 우아한 아우렐리우스의 명상록에서는 편안함을 느꼈지요. 세상을 바꾸는 것은 불가능할지 몰라도 나 자신은 바꿀 수 있다는 스토아 철학에서 영감을 얻었습니다. 인간의 마음을 현미경으로 들여다보는 듯한 톨스토이의 글에서 저 자신을 발견하기도 했지요. 언제나 지울 수 없었던 염세주의의 그늘에도 불구하고 멈출 수 없는 열정의 근거를 니체와 카뮈에게서 찾았습니다. 책에서 나를 발견할 때 느껴지는 희열과 안도감, 그리고 세계와의 연대감은 어디에서도 느낄 수 없는 충만함을 선물해 주었습니다. 그 순간 나는 저자와 하나가 되고, 세계와 하나가 되기 때문에 외롭지 않았습니다.

나의 철학을 세계관과 자아관으로 나누는 것은 실제로는 큰 의미가 없습니다. 결국 세계를 바라보는 눈으로 나 자신을 바라보게 되어 있고, 나에 대해 생각하는 방식으로 세계를 통찰하게 되어 있으니까요. 나와 세상을 지나치게 진지하게, 고뇌에 차서 바라보던 저는 리처드 도킨스의 《이기적 유전자》를 통해 시원한 돌파구를 찾았고, 칼 세이건의 《코스모스》를 읽으며 인류의 의미와 제 삶의 존재 이유에 대해 생각했습니다. '나의 철학이 무엇이다'라고 표현하지 못해도 괜찮습니다. 아직은 설명하지 못해도 나만이 가지고 있는 그 어떤 에너지를 느끼면 됩니다.

토마스 아퀴나스는 '가장 위험한 사람은 단 한 권의 책만 읽은 사람'이라고 했습니다. 하나의 시선으로 세상을 바라보는 편향적 사고와 편견을 경계하는 말입니다. 겸손한 마음으로 항상 스스로를 돌아보지 않으면 누구나 한 권의 책만 읽은 사람이 되기 십상입니다. 2, 30대를 돌아보면 부끄러워질 때가 있습니다. 무식해서 용감했구나 싶어요. 그래서 그런지 나이가 들수록, 책을 읽을수록 어떤 주제에 대해 자신 있게 단언하기 어렵습니다. 지금 제 생각이 옳지 않을 수도 있고, 세상을 바라보는 시각이 바뀔 수도 있다는 것을 알기 때문입니다.

과학 철학에서는 과학의 발전을 바라보는 두 가지의 시각이 대립합니다. 하나는 칼 포퍼의 반증주의이고 다른 하나는 토마스 쿤의 패러다임 이론입니다. 칼 포퍼는 과학이 검증을 거치며 누적적으로 발전한다고 보았습니다. 반면 토마스 쿤은 과학이 점진적으로 발전하는 것이 아니라 패러다임의 전환에 의해 혁명적으로 교체된다고 주장합니다.

한 사람의 세계관은 어떻게 변화하고 발전할까요? 저는 과학 철학의 양대 이론 모두에서 영감을 얻습니다. 하나의 사상에 기반해 자신의 철학을 형성한 사람이 있다고 생각해 봅시다. 다양한 책을 읽으면서 자신이 가진 의문에 답을 찾아갑니다. 그러면서 그동안의 생각을 수정해 나가는 겁니다. '아, 이건 내가 잘못 생각했구나, 이렇게 볼 수도 있는 거구나.' 마치 칼 포퍼의 이론처럼 우리는 자신의 세계관을 수정하고 보완하면서 점진적으로 성장합니다. 그러다 새로운 책을 읽으며 생각지도 못한 부분에서 커다란 깨달음을 얻기도 합니다. 대개 평소 읽지 않았던 완전히 다른 분야의 책을 읽을 때 이런 경험을 합니다. 예를 들면 사회과학도가 과학책인《이기적 유전자》를 읽거나 서양 학문에 기반을 둔 사람이 동양 철학을 접했을 때처럼요. 이때는 마치 새로운 패러다임이 등장한 것처럼 개인의 세계관이 혁명적으로 변화하기도 합니다.

중요한 것은 우리의 철학이 화석처럼 굳어져 버리면 안 된다는 겁니다. 지금 나의 생각이 옳지 않을 수도 있고, 수정될 수도 있으며, 변화할 수도 있다는 것을 받아들이는 것. 이것이 바로 성장의 기본 전제입니다. 책을 읽는 것은 이렇게 나를 변화시키고 성장시키면서 진정한 나를 찾기 위해서입니다. **그동안 내가 읽어 온 책이 나라는 사람을 만듭니다. 그리고 앞으로 읽을 책이 더 나은 내가 되어 줄 겁니다. 내가 읽**

은 책들이 나라는 이상을 향해가는 지도가 됩니다.

저는 박웅현 님이 쓰신《책은 도끼다》라는 책 제목을 좋아합니다. 첫 페이지에 인용된 프란츠 카프카의 글을 재인용 합니다.

> 우리가 읽는 책이 우리 머리를 주먹으로 한 대 쳐서 우리를 잠에서 깨우지 않는다면, 도대체 왜 우리가 그 책을 읽는 거지? 책이란 무릇, 우리 안에 꽁꽁 얼어버린 바다를 깨뜨려버리는 도끼가 아니면 안 되는 거야.
>
> - 1904년 1월, 카프카, 「저자의 말」, 『변신』 중에서

마치는 글

책은 삶을 가장 충만하게 해 줍니다

2020년부터 코로나는 우리 삶을 송두리째 바꾸어 놓았습니다. 학교는 무력하고 서툴렀지만 어떻게든 아이들을 붙잡아 보려 애를 썼지요. 선생님은 온종일 전화통을 붙잡고 화면 속의 아이들을 안타깝게 바라봐야 했습니다. 과연 아이들이 지금 배우고 있는 것일까, 성장하고 있는 것일까. 확신할 순 없었지만 어떻게든 할 일을 해야 했지요. 집 밖으로 나와 마음껏 뛰어다니지 못하는 아이들, 친구와 떠들며 헐레벌떡 교문을 통과하는 일상이 허락되지 않았던 시기. 집에 있는 시간이 늘어난 만큼 무엇을 하면 좋을까. 그래서 생각한 것이 책 읽기였습니다. 진도가 끝나고 고입을 앞둔 제자들에게 좋은 책을 소개해 주고 싶다, 내 아이에게 읽어 주듯 조금이라도 읽어 주고 싶다, 이런 마음으로 유튜브에 영상을 몇 편 올렸습니다. 부끄럽지만 졸업한 제자들에게도 알려 주었습니다. '시간 날 때 마음 편하게 들어', '어떤 책이 좋은 책인지 어떤 내용인지 흘려라도 들었으면 좋겠다', '그러다 기회가 되면 한 번쯤 읽어 보면 더 좋겠지'.

그렇게 시작한 유튜브에 하나씩 영상이 올라갔습니다. 무슨 책을, 어떻게 읽어야 할지 고민하는 학생들, 독서에 관심을 가진 부모님들, 지금부터라도 책을 읽고 싶다고 생각하는 분들의 고민과 소중한 다짐들. 작고 초라한 채널에 달린 댓글을 읽고 답하면서 성장 가능성이 없는 유튜브 채널을 접지 못했습니다. 사실은 책에 대해 하고 싶은 말이 많았습니다. 유튜브는 저의 독후 활동이자 책에 대한 사랑 고백인 셈이었습니다. 그리고 이러한 사랑 고백이 생각으로 정리되어 한 권의 책이 되었습니다.

시대가 변해도 여전히 치열한 입시 제도, 경쟁과 불안, 무엇을 이겨야 할지 알지도 못한 채 느끼는 패배감, 그렇다고 다른 뾰족한 답을 찾을 수 없는 학교 현실. 변한 게 있다면 아이들 손에 쥐어진 스마트폰, 교실에 들어온 스마트 기기뿐입니다. 덕분에 아이들은 더 바쁘고 허기져 보입니다. 달리는 아이도, 달리기를 포기한 아이도 안쓰럽기는 마찬가지입니다. 내 자식, 내 제자들, 소중한 우리의 미래. 수능 감독관으로 들어가 긴장한 채 시험지를 기다리는 아이들을 보면 코끝이 시큰해집니다.

목표가 무엇이든 아이들에게는 책이 필요합니다. 공부로 성공하고 싶은 아이에게도 책이 필요하고, 위로를 얻고 싶은 아이에게도 책이 필요합니다. 질문을 가진 아이에게도 책이 필요하고, 친구가 필요한 아이에게도 책이 필요합니다. 하지만 시대는 우리에게 책을 빼앗은 셈입니다. 요즘 아이들이 책을 읽지 않는다고요? 독서 인구가 점차 줄고 있다고요? 책을 읽고 싶어도 읽을 수 없는 겁니다. 책은 눈앞에 있어도 그저 멀게만 느껴집니다. 넘을 수 없는 신분과 계급의 벽처럼 이제 책 앞에는 거대한 장벽이 세워져 버린 듯합니다.

누군가의 도움이 필요합니다. 부모님, 선생님, 학교, 교육 제도, 지역 사회, 방송 매체, 국가 정책 등 누구든 읽는 것이 즐겁고 소중한 일이라는 것을 알고 경험하도록 도와야 합니다. 아이들에게 가장 가까운 조력자는 당연히 부모님과 선생님입니다. 아이를 위해 무엇을 해 줄 수 있을까요? 아이의 수만큼 무수한 답이 있지만 동시에 모두를 품을 수 있는 하나의 정답은 존재합니다. 우리 모두의 삶을 가장 충만하게 해 줄 힘은 책에서 나옵니다.

너무도 당연한 이야기를 한 권이나 되는 책에 담았습니다. 이 책을 위해 베어진 나무 이상의 가치가 있을지에 대한 염려와 읽는 삶에 대한 확신, 그리고 책에 대한 사랑으로 이야기를 마무리합니다. 제 삶의 이유가 되어 주는 가족들, 특히 이 책의 영감이 되어 준, 제 인생의 스승인 두 아들과 제자들에게 무한한 감사와 사랑을 전합니다.

디지털 시대에 책 읽는 아이가 되기까지

우리 아이 책 읽기 수업

초판 1쇄 발행 2023년 2월 27일

지은이 신정아

기획편집 김소영
디자인 알레프 디자인

펴낸곳 언더라인
출판등록 제2022-000005호
팩스 0504-157-2936
메일 underline_books@naver.com
인스타그램 @underline_books

ISBN 979-11-982025-0-5 03590
ⓒ 신정아, 2023, Printed in Korea